**CD-ROM**

W0180127

 REDEN FÜR ALLE ANLÄSSE

Lassen Sie sich bei Ihrer Vorbereitung von den Reden mit Experten-Kommentar inspirieren.

- So präsentieren Sie Workshopergebnisse
- Prozessvorstellung vor Kollegen
- Vorstellung eines neuen Projekts

 ARBEITSBLÄTTER

Die Arbeitsblätter geben Ihnen die Struktur für unterschiedliche Redeformen vor.

- Vorbreitung eines Sachvortrags
- Vorbereitung einer vergleichenden Präsentation
- Vorbereitung einer Pro- und-Contra-Rede

 TABELLEN

Die Übersichten zeigen Ihnen wichtige rhetorische Stilmittel, mit denen Sie Ihre Rede schmücken können.

- Klangfiguren
- Wortfiguren
- Satzfiguren
- Sinnfiguren

 HÖRDATEIEN

Bei Vorträgen live dabei sein: Audiodateien zum Anhören mit ausführlichem Experten-Kommentar:

- Überzeugend argumentieren
- Pro-und-Contra-Reden
- Rhetorische Stilmittel
- Von Monolog zu Dialog

Bibliografische Information der Deutschen Nationalbibliothek

Die Deutsche Nationalbibliothek verzeichnet diese Publikation in der Deutschen Nationalbibliografie; detaillierte bibliografische Daten sind im Internet über http://dnb.ddb.de abrufbar.

ISBN 978-3-448-09520-3   Bestell-Nr. 00209-0001
1. Auflage 2009

© 2009, Rudolf Haufe Verlag, Freiburg i. Br.
Redaktionsanschrift: Postfach 13 63, 82142 Planegg/München
Hausanschrift: Fraunhoferstraße 5, 82152 Planegg/München
Telefon (089) 8 95 17-0, Telefax (089) 8 95 17-2 50
Internet: http://haufe.de, http://www.haufe.de/ratgeber
Lektorat: Jasmin Jallad

Idee & Konzeption: Dr. Matthias Nöllke, Textbüro Nöllke München
Umschlag- und Buchgestaltung: Barbara Loy, 80689 München
Redaktion und DTP: Lektoratsbüro Cornelia Rüping, 81679 München
Druck: Schätzl Druck, 86609 Donauwörth

Peter Flume

Vorträge und Präsentationen

Inhalt

Einführung

Es sind nicht die großen Vorträge, die den Alltag der meisten Führungskräfte auf der mittleren Ebene bestimmen. Vielmehr stehen kurze Vorträge in Meetings vor den Kollegen sowie Besprechungen mit Kooperationspartnern und Lieferanten im Vordergrund. Häufig sind knappe Darstellungen in Projektsitzungen zum aktuellen Status gefordert oder die Darlegung von Für und Wider bezüglich einer bestimmten Vorgehensweise. Manchmal kommen noch Termine mit dem Vorstand oder der Geschäftsführung hinzu, bei denen es darum geht, in kürzester Zeit die eigenen Vorschläge entscheidungsreif darzulegen. In den meisten Fällen werden diese Vorträge durch das Programm PowerPoint unterstützt.

Dieser Ratgeber hilft Ihnen dabei, sich auf solche alltäglichen Situationen vorzubereiten. Anhand klarer Vorgaben zum Vorgehen und unterstützt von Checklisten und Beispielen lernen Sie, wie Sie sich in kürzester Zeit optimal vorbereiten und anschließend Ihre Rede überzeugend vortragen.

Allein mit der Theorie werden Sie sich aber schwertun, Ihre Fähigkeiten als Redner zu verbessern. Letztlich wird es nur durch Praxis möglich sein – unterstützt durch die Inhalte in diesem Buch –, sich kontinuierlich weiterzuentwickeln und Ihre persönliche Überzeugungskraft auszubauen.

Viel Erfolg wünscht Ihnen   *Peter Flume*

Was tun, wenn Sie präsentieren müssen?

Häufig kommt die Anforderung, eine Rede oder Präsentation halten zu müssen, überraschend. Da heißt es kurzfristig für den Vorgesetzten einzuspringen oder für ein spontan angesetztes Meeting eine Präsentation vorzubereiten. In der Regel fehlt für eine ausführliche Vorbereitung die Zeit, so werden bestehende Folien zu einer Präsentation zusammenkopiert. Das Ergebnis: Der rote Faden und oft auch die überzeugenden Aussagen bleiben auf der Strecke. Zum Glück – und das ist die Praxis – sind die meisten Zuhörer nichts Besseres gewohnt. Daher wirken sich die Schwächen in der Präsentation meist auch nicht dramatisch aus. Dennoch ist hier viel Raum für Verbesserung, den Sie selbst dann optimal ausnutzen können, wenn die Vorbereitungszeit knapp ist. Nun stelle ich Ihnen zunächst einmal die einzelnen Schritte vor, die für eine optimierte Vorbereitung notwendig sind.

Entscheiden Sie, wie wichtig Ihnen der Auftritt ist

Als Erstes sollten Sie sich klar darüber werden, wie wichtig Ihnen persönlich die Rede ist. Hängt von den Redeinhalten vielleicht eine Entscheidung ab, die für ein von Ihnen verfolgtes Projekt wichtig ist? Präsentieren Sie vor einer Zielgruppe, der Sie Ihre persönliche Kompetenz zeigen wollen, um sich für künftige Aufgaben zu empfehlen? Hängt womöglich die Erteilung eines Auftrags durch einen Kunden mit von dieser Präsentation ab? Oder handelt es sich um eine Präsentation vor einem Zuhörerkreis und zu einem Thema, deren Ergebnis letztendlich an der Sache nichts ändert?

Von der ehrlichen Beantwortung dieser Fragen hängt es ab, wie viel Zeit Sie in die Vorbereitung investieren sollten. Hat der Vortrag keine große Bedeutung, genügt es, eine einigermaßen gute Figur abzugeben. Sie können sich darauf beschränken, einen einfachen roten Faden zu knüpfen und diesem zu folgen. Ist Ihnen das Ergebnis des Vortrags hingegen sehr wichtig, werden Sie sicherlich andere Dinge zurückstellen können, damit Ihnen ausreichend Zeit für die Vorbereitung bleibt. Bitte gewichten Sie Ihren Vortrag auf einer Skala von eins bis zehn anhand der Fragen in der folgenden Checkliste.

✔ GEWICHTEN SIE DIE BEDEUTUNG DES VORTRAGS

Fragestellung	Gewichtung
Wie hoch schätzen Sie die Bedeutung des Vortrags/der Präsentation für die Erreichung Ihrer persönlicher Ziele ein?	_____
Wie hoch schätzen Sie die Bedeutung des Vortrags/der Präsentation für die Erreichung geschäftlicher Ziele ein?	_____
Wie hoch gewichten Sie die Bedeutung der Personen, die am Vortrag teilnehmen werden?	_____
Wie hoch gewichten Sie den Redeanlass im Vergleich zu den Aufgaben, die Sie derzeit im Tagesgeschäft zu erledigen haben?	_____
Wie hoch gewichten Sie den Redeanlass im Vergleich zu privaten Verpflichtungen, die Sie gegebenenfalls wegen der Vorbereitung vernachlässigen müssten?	_____
Wie wichtig ist es Ihnen, bei dem Vortrag eine gute Figur abzugeben?	_____
Summe	_____
Durchschnitt (Summe / 6)	_____

Faustregel für die Auswertung: Ergibt sich ein Durchschnitt unter vier, sollten Sie sich bei der Vorbereitung auf die wesentlichen Aspekte konzentrieren. Stellen Sie sicher, dass ein roter Faden zu finden ist, und investieren Sie Ihre Zeit ansonsten in Dinge, die für Sie eine höhere Priorität haben.

Liegt der Durchschnitt der Gewichtung im Bereich vier bis sieben, sollten Sie der inhaltlichen Vorbereitung der Präsentation eine ausreichend hohe Priorität geben. Achten Sie darauf, dass Sie nicht nur den roten Faden sicher geknüpft, sondern auch der Auswahl und Gestaltung der Inhalte und Folien besondere Aufmerksamkeit geschenkt haben.

Ergibt sich ein Durchschnittswert, der über sieben liegt, sollten Sie in jedem Fall zusätzlich einen Zeitpuffer für Übungsphasen und für die Gestaltung Ihres persönlichen Auftritts einplanen. Dabei spielen dann die Körpersprache und der souveräne Auftritt, die Stimme und natürlich auch die sprachliche Ausgestaltung eine besonders große Rolle.

Bereiten Sie sich auf die Situation vor

Rede- beziehungsweise Präsentationserfolg und Zeiteffizienz lassen sich erreichen, indem Sie bei der Vorbereitung systematisch vorgehen. Die folgenden Schritte helfen Ihnen dabei – unabhängig davon, welche Gesamtgewichtung Sie Ihrer Rede/Präsentation gegeben haben.

Definieren Sie den Anlass

Es gibt immer einen Grund, warum eine Rede gehalten wird. Wichtig ist auch die Erwartungshaltung, mit der das Publikum zu diesem Anlass erscheint. Im beruflichen Alltag lassen sich im Allgemeinen die folgenden Anlässe unterscheiden:

- Interne Anlässe im routinemäßigen Turnus (beispielsweise Jour fixe, Projektsitzungen, Teambesprechungen)

- Interne Anlässe mit Gelegenheitscharakter (zum Beispiel Termin beim Vorstand/der Geschäftsführung, Kick-off-Veranstaltungen, Budgetpräsentationen in quartalsweisem Rhythmus)

- Externe Anlässe im routinemäßigen Turnus (zum Beispiel Quartalsbesuche bei Kunden, standardisierte Entwicklungsbesprechungen, Projektsteuerungsgruppenmeetings)

- Externe Anlässe mit Gelegenheitscharakter (zum Beispiel Produktneu-
  vorstellungen während einer Roadshow, Qualitätsprobleme, Audits)

Je nach Anlass wird die Erwartung der Zuhörer unterschiedlich ausfallen.
Während bei den turnusmäßigen Veranstaltungen der Gesamtrahmen in
der Regel eher locker ist und an die Präsentation selbst keine besonders
hohen Anforderungen gestellt werden – man ist ja bereits aufeinander
eingespielt –, herrschen bei den anlassbezogenen, nicht regelmäßig auftre-
tenden Situationen eher hohe Erwartungen vor. So ist davon auszugehen,
dass ein Kunde, der Ihnen die Zeit gibt, sich und Ihre Firma/Ihre Produkte
vorzustellen, erwartet, dass er nicht nur eine Standardpräsentation geliefert bekommt. Vielmehr wird er davon ausgehen, dass Sie sich ganz individuell auf seine Situation und seine Anforderungen einstellen.

Bei regelmäßigen Projektsitzungen beispielsweise werden oft immer gleiche oder ähnliche Folien eingesetzt. Sie sind bereits allen bekannt und mit
ihnen wird nur noch überprüft, inwieweit die einzelnen Projektabschnitte
sich im grünen, gelben oder roten Bereich befinden. Eine besondere Gestaltung der Folien wird nicht erwartet. Die gesamte Situation besitzt eher
Workshop-Charakter, der monologische Vortrag vor Publikum kommt daher nur selten vor.

Dennoch hilft es, wenn Sie sich die einzelnen Anlässe noch ein wenig genauer ansehen. In der klassischen antiken Rhetorik werden drei Kriterien
für eine besonders gute Rede genannt:

1   Die Rede muss das Publikum bewegen (Handlung auslösen).

2   Die Rede muss das Publikum informieren.

3   Die Rede muss das Publikum unterhalten.

Sie gelten auch für heutige Präsentationen, sind allerdings bei den einzelnen Anlässen unterschiedlich wichtig. So sind sicherlich bei einem
Termin, bei dem es darum geht, Budgets für das eigene Projekt geneh-
migt zu bekommen, die Faktoren *informieren* und *bewegen* von weitaus

größerer Bedeutung als die *Unterhaltung*. Anders sieht es hingegen aus, wenn Sie eine Rede halten, weil ein Kollege oder ein Teammitglied sein 25-jähriges Jubiläum feiert. Hier steht sicher der Unterhaltungsaspekt im Vordergrund.

Allerdings ist eine Rede/Präsentation tatsächlich nur dann in Gänze als sehr gut zu beurteilen, wenn alle drei Kriterien – in unterschiedlicher Gewichtung – erfüllt werden. Das sollten Sie insbesondere dann beachten, wenn Sie die Bedeutung Ihrer Rede höher als sieben eingestuft haben.

GEWICHTUNG DER KRITERIEN EINER REDE/PRÄSENTATION

Redeanlass	bewegen	informieren	unterhalten
intern turnusmäßig			
intern gelegentlich			
extern turnusmäßig			
extern gelegentlich			

GEWICHTUNG EINER REGELMÄSSIGEN PROJEKTBESPRECHUNG

Redeanlass		bewegen	informieren	unterhalten
intern turnusmäßig	14-tägiger Statusbericht	20 Prozent; nur eine Abweichung gegenüber Plan	70 Prozent; gleicher Informationsstand für alle Teilprojekte wichtig	10 Prozent; es soll keiner einschlafen

Schätzen Sie Ihr Publikum ein

Eine Rede/Präsentation wird immer dann erfolgreich sein, wenn Sie dem Publikum die Inhalte, die es sich erwartet, in der Form präsentieren, die ihm sinnvoll und angemessen erscheint. Das bedeutet beispielsweise, dass Sie bei der Zielgruppe Entwickler unbedingt Wert auf technische Details legen und diese bei der Nutzung von Folien in einem technischen Layout unterbringen sollten. Bei einem Vortrag zum gleichen Thema vor einer Gruppe von Kaufleuten hingegen ist es sinnvoll, weniger technische Details zu erwähnen und den Schwerpunkt auf die finanziellen Aspekte der Entwicklung zu legen.

Passen Sie auch Ihre Vortragsweise an das jeweilige Publikum an. Stellen Sie sich vor, Ihr Vorgesetzter ist ein Typ, der die Bühne sucht und gerne und gut präsentiert. Jetzt hört er Sie vortragen und Sie sind körpersprachlich sehr zurückhaltend, vorsichtig in Ihren Meinungsäußerungen und sprechen zudem leise und wenig betont. Die Wahrscheinlichkeit, dass Sie mit Ihrem Vortrag gut bei ihm ankommen, ist in diesem Fall sehr gering.

Darüber hinaus ist für Sie wichtig zu wissen, ob der Vortrag/die Präsentation eher monologisch angelegt ist. Dann dürfen Sie in aller Ruhe präsentieren und erst am Ende werden Frage gestellt. Oder müssen Sie damit rechnen, dass sich einzelne Zuhörer frühzeitig offensiv in Ihren Vortrag einmischen und Sie beispielsweise dazu auffordern, gleich zum dritten der geplanten Themen zu springen?

Um Ihr Publikum gut einschätzen zu können, hilft es, wenn Sie sich die folgenden vier Fragen stellen:

1   Wie extrovertiert tritt mein Gegenüber auf?

2   Wie introvertiert tritt mein Gegenüber auf?

3   Wie sehr trifft mein Gegenüber seine Entscheidung rational?

4   Wie ausgeprägt trifft mein Gegenüber seine Entscheidungen aus der Intuition (dem Bauch) heraus?

Bewerten Sie diese Punkte auf einer Skala von null bis 100 Prozent. Die Summen aus den Antworten auf die Fragen 1 und 2 sowie aus den Fragen 3 und 4 dürfen 100 Prozent nicht übersteigen. Am Ende ergibt sich eine

Art rudimentäres Persönlichkeitsprofil. Wie das aussehen kann, zeigt die folgende Grafik.

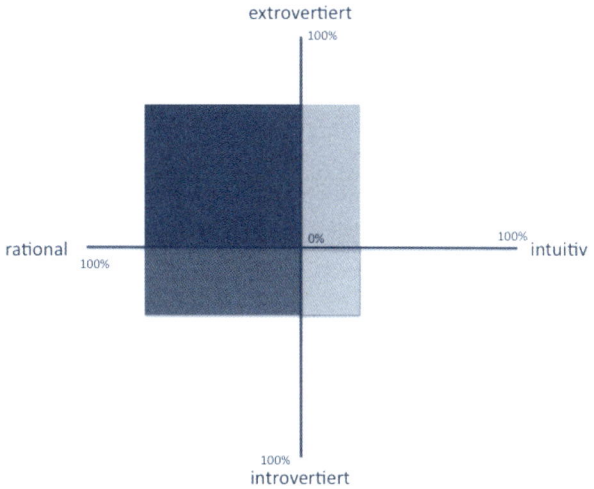

Publikumseinschätzung: dominanter Typ mit rationaler Entscheidungspräferenz

So erreichen Sie dominante Zuhörer

Sie wollen Ihre Rede/Präsentation auf diesen Typ, dessen Schwerpunkt im linken oberen Bereich liegt, abstimmen? Dann sorgen Sie dafür, dass Sie selbstsicher und nach außen gerichtet auftreten. Legen Sie in Ihrem Vortrag die wesentlichen Fakten zur Entscheidungsfindung präzise und prägnant dar. Langatmige Ausschweifungen und Schwächen in Bezug auf die Fakten führen mit Sicherheit dazu, dass Sie unterbrochen werden. Was die Foliengestaltung angeht, sollten Sie hier mit wenig Schnickschnack das Wesentliche einarbeiten. Hier kommt der Begriff „Management-Summary" ins Spiel, der umfasst, worum es diesem Zuhörer geht: das Wichtigste kurz und knapp auf den Punkt gebracht.

So erreichen Sie begeisterungsfähige Zuhörer

Sollte es sich bei Ihrem Zuhörer um den Typ mit Schwerpunkt im rechten oberen Bereich handeln, empfehle ich Ihnen ebenfalls einen offensiven

Auftritt. Nennen Sie zügig die wesentlichen Aspekte, ohne sich in Details zu verlieren. Je mehr Sie sich in Einzelheiten vertiefen, desto eher schwindet die Aufmerksamkeit bei diesem Zuhörer. Passend ist zudem ein hohes Sprechtempo, das Ihre Begeisterung für die Sache widerspiegelt. Folien, bei denen Bilder im Mittelpunkt stehen und die sich auf wenige Schlagwörter konzentrieren, kommen hier in der Regel gut an.

So erreichen Sie die „Fakten-Freaks"

Ist Ihr Zuhörer dem linken unteren Bereich zuzuordnen, sollten Sie eher zurückhaltend präsentieren. Auch ein ruhiges Sprechtempo mit genügend Pausen stellt hier einen Erfolgsfaktor dar. In Bezug auf die Fakten müssen Sie absolut sicher sein, auch die Qualität der Folien in dieser Hinsicht spielt eine wesentliche Rolle. Schreib- und Rechenfehler bemerkt der Zuhörer mit Sicherheit. Auch legt er sehr viel Wert auf eine vollständige Darstellung, die zumindest im Handout gewährleistet sein muss.

So erreichen Sie die „Bauch-Menschen"

Auch die Zuhörer, deren Schwerpunkt sich rechts unten befindet, erwarten eher einen zurückhaltenden Auftritt, bei dem jedoch der Bezug zum Publikum im Mittelpunkt steht. Beispiele aus der Praxis und persönliche Ansprache sind hier wirkungsvoller als wohlklingende Marketingphrasen. Da die Entscheidungsfindung bei diesem Typ eher aus dem Bauch heraus erfolgt, ist der Einsatz von Folien nicht so wichtig – vielmehr sollten Sie durch Ihre Person überzeugen. Glaubwürdigkeit ist hier das Schlüsselwort.

So erreichen Sie ein gemischtes Publikum

In der Praxis werden Sie jedoch meist nicht nur vor einem Zuhörer, sondern vor einer Gruppe von Menschen sprechen. Dann haben Sie es in der Regel mit unterschiedlichen Zuhörertypen zu tun. Wenn Sie hier eine Einschätzung vornehmen, werden Sie im Normalfall feststellen können, dass es eine Grundtendenz gibt, die Zuhörer also entweder mehr zu rationalen Fakten oder zum „Bauchgefühl" neigen. Genauso können Sie folgern, ob ein extrovertierter oder ein introvertierter Auftritt mehr Erfolg verspricht. Auf dieser

Grundlage sind Sie in der Lage, Ihre Schwerpunkte in der Rede von Anfang an richtig zu planen. Sie verlieren sich beispielsweise nicht darin, Faktenfolien zu erstellen, wenn Sie ein Publikum vorfinden, das vornehmlich der rechten Seite des Profils zuzuordnen ist. Sie sparen also wertvolle Zeit und erhöhen gleichzeitig Ihre Chance, eine Punktlandung zu machen.

Falls Sie Ihr Publikum einmal nicht einschätzen können, bereiten Sie sich darauf vor, auf alle vier Typen zu treffen. Setzen Sie dann in den einzelnen Redephasen Schwerpunkte, die sich klar erkennbar nur an einen Teil des Publikums richten. Die anderen Zuhörer dürfen währenddessen durchaus auch einmal unaufmerksam sein.

EXTROVERTIERTE TYPEN EINBINDEN

Extrovertierte Zuhörer, die dazu neigen, die Rede zu unterbrechen und den Ablauf an sich zu reißen, können Sie unter Kontrolle bringen, indem Sie gezielt Pausen für Unterbrechungen in Ihren Vortrag einbauen. Statt sich von einem Zwischenruf überraschen zu lassen und darauf einzugehen, provozieren Sie den Störer auf der inhaltlichen Ebene. Halten Sie intensiv Blickkontakt mit ihm und warten Sie kurz ab. Sie können fest damit rechnen, dass die betreffende Person zum von Ihnen angesprochenen Thema Stellung bezieht. Planen Sie Unterbrechungen also ein und bereiten Sie sich im Vorfeld darauf vor. So verhindern Sie, dass eine Zwischenfrage Sie möglicherweise aus der Bahn wirft.

Definieren Sie Ihre Ziele gleich zu Beginn

Ein weiterer Schritt, um Ihre Rede gut zu gestalten und gleichzeitig Zeit zu sparen, ist, dass Sie Ihre Vortragsziele sorgfältig planen. Denn dann wissen Sie, welche Richtung Sie bei der Zusammenstellung Ihrer Argumente und Materialien einschlagen müssen. Auch bei der Zielplanung sollten Sie sich an den drei Kriterien für eine erfolgreiche Rede/Präsentation orientieren.

1 Überlegen Sie, wozu Sie Ihr Publikum mit der Rede bewegen wollen. Was sind konkret die nächsten Handlungen, die Ihr Publikum aufgrund Ihres Vortrags durchführen soll?

Oftmals machen sich Redner keine Gedanken darüber, welche konkreten Handlungen sie bei ihren Zuhörern auslösen wollen. Das führt dazu, dass sie einerseits nicht gezielt die notwendigen Inhalte der Rede zusammenstellen können, und andererseits, dass die Zuhörer am Ende nicht sagen können, welches Anliegen der Redner verfolgt.

Ein Redeziel könnte zum Beispiel so formuliert werden: Aufgrund meiner Rede sollen die Zuhörer eine abschließende Entscheidung darüber treffen, ob eine Roadshow im Marketingbudget berücksichtigt werden soll. Damit wissen Sie, wohin Sie Ihre Zuhörer führen möchten, und gleichzeitig können Sie schon jetzt den Schlusssatz Ihrer Rede formulieren: „Meine Damen und Herren, bitte treffen Sie jetzt die Entscheidung darüber, ob ich die Roadshow budgetieren darf oder nicht."

2　Legen Sie fest, welche wesentlichen konkreten Informationen Sie Ihren Zuhörern mit dem Vortrag/der Präsentation mitgeben wollen. Welche Inhalte sollen Ihre Zuhörer auf Rückfrage einem Dritten auf jeden Fall als Quintessenz Ihres Vortrags mitteilen?

Im Grunde sind die Informationsziele wie Lernziele. Um das zu verstehen, vergleichen Sie Ihre Rede einmal mit einer Vorlesung an der Universität. Sowohl die Vorlesung als auch die Rede enthält Elemente, die interessant zu hören sind und dem Zuhörer ein Gesamtbild vermitteln. Bei Vorlesungen kommen Elemente hinzu, die als prüfungsrelevant bezeichnet werden. Professoren wecken ihre Studenten oft aus der Vorlesungslethargie, indem Sie extra auf die Prüfungsrelevanz hinweisen. So ist Ihnen die Aufmerksamkeit der Studenten sicher.

Obwohl Ihre Rede nicht auf eine Prüfung vorbereitet, gibt es dennoch Inhalte, die eindeutig wichtiger sind als andere und deswegen von den Zuhörern auf jeden Fall wahrgenommen werden sollten. Und genau das sind die Informationsziele, die vorab festgelegt werden müssen. Die meisten Reden beinhalten drei bis fünf wesentliche Informationsziele. Beispielhaft habe ich hier vier sinnvolle Informationsziele für den schon genannten Vortrag formuliert:

- Eine Roadshow erreicht die fokussierte Zielgruppe präziser als ein Messeauftritt, da keine Mitbewerber aktiv sind.

- Erwartet werden durch diese Roadshow xxx Neukontakte und xxx Sekundär- und Tertiärkontakte.

- Die Durchführung einer Roadshow erfordert ein Budget in Höhe von xxx Euro.

- Die Begleitmaßnahmen zur Roadshow wie Ankündigung, Pressearbeit und Nachbereitung sind mit einem Zusatzbudget in Höhe von xxx Euro zu kalkulieren.

DIE MANAGEMENT-SUMMARY ENTSTEHT NEBENBEI

Wenn Sie Ihre Informationsziele nach diesem Muster festlegen, haben Sie schon fast alle Informationen zusammengetragen, die bei Vorstands- oder Geschäftsführungsterminen häufig als Management-Summary erwartet werden. Sie können die Ziele dann getrost auf das Deckblatt übernehmen und brauchen dann in der Anlage nur noch die Argumentation und Beweisführung in Hinblick auf die einzelnen Aspekte formulieren.

In der Regel können Sie schon anhand des Bewegungsziels und der Informationsziele damit beginnen, den roten Faden Ihrer Präsentation zu knüpfen. Sie haben die zentralen Aussagen bereits benannt und können sie nun in eine Reihenfolge bringen. Anschließend stellen Sie die Inhalte für die Präsentation zusammen. Sie werden feststellen, dass Sie bei der Vorbereitung viel Zeit sparen, da sie genau wissen, welche Informationen Sie suchen und welche Inhalte Sie ausarbeiten müssen.

Wenn Sie einen Vortrag oder eine Präsentation vorbereiten, die Sie zu Anfang mit einem Wert höher als sieben gewichtet haben, sollten Sie noch ein weiteres Ziel festlegen.

3 Definieren Sie, in welche Stimmung Sie Ihr Publikum während und am Ende der Rede versetzen wollen. Wie soll es sich fühlen?

Mit diesem Teil der Zielsetzung bereiten Sie die emotionalen Aspekte Ihrer Rede/Präsentation vor. Stellen Sie sich zum Beispiel vor, dass Sie

Ihrem Publikum eine schlechte Nachricht überbringen müssen. Dann könnten Sie sich zum Ziel setzen, dass die Zuhörer am Ende betroffen und schweigend den Raum verlassen. Oder Sie wollen, dass eine Aufbruchstimmung entsteht, damit die von Ihnen geplante Aktion von allen Zuhörern mit vollem Engagement mitgetragen wird. In jedem Fall sollten Sie die Stimmung Ihrer Zuhörer bei einem wichtigen Vortrag nicht dem Zufall überlassen, sondern sie in Ihrem Sinn steuern.

Ihre gesamte Zielplanung liefert Ihnen Orientierung sowohl bei der Vorbereitung als auch während der Rede. Das ist wie auf dem Golfplatz: Sie wissen, wo Ihr Ball landen soll, und haben das gesamte Grün vor Augen. Sie schlagen nicht einfach ziellos den Ball ab und hoffen, dass er schon an einer guten Stelle irgendwo auf dem Golfplatz landen wird.

Schätzen Sie Ihre Redezeit realistisch ein

Betrachten Sie einmal die Vortragssituationen, die Sie in der nahen Vergangenheit als Zuhörer miterlebt haben. Wie viele der Redner waren tatsächlich in der Lage, die angekündigte Redezeit einzuhalten? In wie vielen Fällen ist der Redner irgendwann dazu übergegangen, Folien in seiner Präsentation zu überspringen mit dem Hinweis, dass Sie diese auch in Ihren Unterlagen fänden und die Zeit jetzt schon knapp sei?

Ich bin mir sicher, dass Sie Situationen wie diese zur Genüge kennen. Sie zeugen davon, dass die Vortragenden dem Punkt Redezeit bei ihrer Vorbereitung zu wenig Aufmerksamkeit geschenkt haben. Oder Sie haben zwar die Zeit im Blick gehabt, dann aber aus Angst davor, womöglich zu früh zum Schluss zu kommen oder die eine oder andere Frage nicht ausreichend beantworten zu können, deutlich mehr Folien für den Vortrag vorbereitet, als eigentlich notwendig gewesen wären. Das sind alles verständliche Gründe, doch für den Zuhörer wird die Veranstaltung so zu einer Zumutung. Damit Ihnen das nicht passiert, befassen Sie sich bei Ihrer Redezeitplanung mit den folgenden Fragen. Das Ergebnis am Ende ist dann die Zeit, die Ihnen insgesamt für Ihre Rede zur Verfügung steht. Diese Angabe sollten Sie bei Ihrer Planung immer als absolutes Limit begreifen. Nur so werden Sie es vermeiden, dass Sie selbst in eine Situation kommen, wie gerade beschrieben.

REDEZEITPLANUNG ✓ CHECK

Fragestellung	Minuten
Wie viel Zeit steht offiziell für den Vortrag zur Verfügung?	_____
Wie viele Minuten muss ich davon abziehen, bis alle Teilnehmer eingetroffen sind?	_____
Wie viele Minuten muss ich davon abziehen, weil der/die Vorredner vermutlich überziehen wird/werden?	_____
Wie viele Minuten muss ich davon für zu erwartende spontane Zwischenfragen abziehen?	_____
Wie viele Minuten muss ich für eine von mir gewünschte anschließende Diskussionsrunde davon abziehen?	_____
Wie viele Minuten muss ich mir als Zeitpuffer reservieren, weil ich bei Live-Auftritten immer ein wenig ausschweifender werde als bei der Vorbereitung?	_____

Sollten Sie das Gefühl haben, dass Sie mit Ihrer Zeitplanung vielleicht doch zu streng waren und am Ende vor einem Publikum stehen werden, das sich deutlich mehr erwartet hat und auch bereit wäre, Ihnen noch länger konzentriert zuzuhören, schlage ich Folgendes vor: Planen Sie in jedem Fall bei Ihrer Vorbereitung nur die ermittelte Zeit für den eigentlichen Vortrag ein. In diesem Zeitrahmen müssen Sie den Hauptgedankengang schlüssig zu Ende gebracht und Ihre Ziele erreicht haben. Bereiten Sie im Zweifelsfall ein Backup vor, sodass Sie ergänzende Inhalte in der Hinterhand haben, wenn noch Zeit übrig bleibt. Die entsprechenden Punkte rufen Sie dann über Fragen an das Publikum gezielt ab.

Beispiel: Welche Informationen benötigen Sie noch, um die Zusammensetzung des Gesamtbudgets nachvollziehen zu können? Sie können fast sicher sein, dass einer der Zuhörer auf diese Frage reagieren wird und seinerseits nachfragt. Und dann können Sie diesen Punkt, auf den Sie sich speziell vorbereitet haben, vertiefen. Bei Präsentationen sind auch Folien als Teil eines solchen Backups geeignet, um die zusätzlichen Inhalte zu vermitteln. Das folgende Beispiel zeigt eine Präsentation mit zwei vorbereiteten Backups.

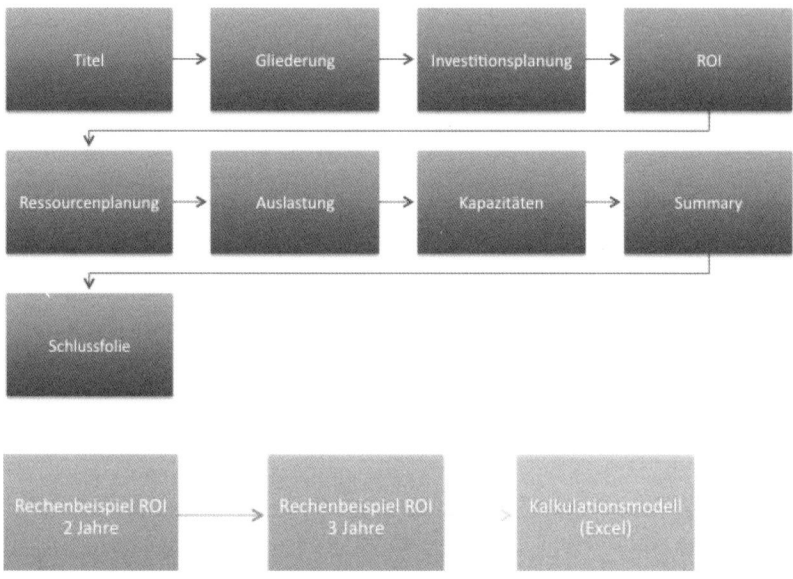

Backup 1: Welche Fragen haben Sie noch zur dargestellten ROI-Berechnung?

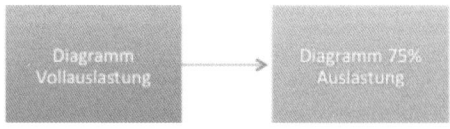

Backup 2: Welche Fragen haben Sie noch in Bezug auf die Auslastung?

Wenn Sie bei Ihrer Vorbereitung mehrere solcher zusätzlichen Themenschwerpunkte in Ihr Backup packen und die entsprechenden hinführenden Fragen vorbereiten, dann sind Sie zum einen stets sicher, den Zeitrahmen einhalten zu können, und zum anderen immer auf Nachfragen oder überraschend auftauchende Zeitfenster vorbereitet.

Knüpfen Sie den roten Faden

Nach all den Vorüberlegungen, die Sie bis hierher getätigt haben, können Sie nun darangehen, endlich den roten Faden für Ihre Rede/Präsentation zu knüpfen.

Erstellen Sie aus Ihren Zielen die Gliederung

Ihre inhaltlichen Ziele bilden das Gerüst für die Gliederung. Im Regelfall sollte sie nicht mehr als fünf Themenschwerpunkte beinhalten. Im folgenden Beispiel sehen Sie eine Gliederung, die auf den Zielen basiert, die ich im vorausgehenden Kapitel dargestellt habe.

GLIEDERUNG EINER REDE

Agenda

1. Die Marketinginstrumente 2009

2. Eine Roadshow im Marketingmix

3. Erwartete Ergebnisse einer Roadshow

4. Budgetplanung

5. Wettbewerbssituation

Sie können erkennen, dass in dieser Agenda das oft eher kritische Thema Kosten/Budget zwischen zwei Nutzenkapitel eingeordnet wurde – davor werden die erwarteten Ergebnisse der Roadshow vorgestellt, danach wird auf die Wettbewerbssituation eingegangen. Diese Aspekte sind im Rahmen der inhaltlichen Ziele positiv vermittelbar. Sie rahmen das Thema Kosten ein und lassen es so besser verdaulich werden.

Auch fällt Ihnen mit Sicherheit auf, dass in der Agenda die Zusammenfassung nicht extra aufgeführt wird. Das ist Geschmackssache. Da eine Zusammenfassung so oder so erfolgt, muss dieser Punkt nicht unbedingt in der Gliederung genannt werden. Er lässt sich aber problemlos hinzufügen, wenn es das Design und die Schriftgröße im Rahmen der Foliengestaltung zulassen.

Legen Sie die Überschriften der Folien fest

Im nächsten Schritt arbeiten Sie dann in jedem Fall am Rechner. Beginnen Sie damit, die Überschriften für Ihre Folien festzulegen. Arbeiten Sie dabei konsequent in der Gliederungsansicht von PowerPoint (einstellbar über den entsprechenden Reiter). Formulieren Sie gut lesbare Sätze, um die wichtigsten Kernaussagen, die Sie mit der jeweiligen Folie belegen wollen, zu vermitteln. Wichtig: Hier geht es noch nicht um die Foliengestaltung, sondern erst einmal um den roten Faden. Daher kümmern Sie sich nicht um Designfragen und Detailinhalte auf den Folien, befassen Sie sich nur mit den Titelzeilen.

Beispiel: Titel für einen Foliensatz aus 13 Folien

An diesem Beispiel können Sie erkennen, dass es möglich ist, sich allein über die eingegebenen Folientitel einen groben Überblick über die wichtigsten mit dem Vortragsthema verbundenen Sachverhalte zu verschaffen. Damit haben Sie den roten Faden schlüssig dargelegt und die Basis erstellt, die es Ihnen erlaubt, je nach Wichtigkeit der Präsentation weiter an der Detailstruktur zu feilen. Haben Sie eine Präsentation mit einem Wert von weniger als vier gewichtet, können Sie an dieser Stelle die Feinarbeit bereits einstellen. Es reicht, wenn Sie die passenden Folien zu den Überschriften zusammenstellen. Meist lassen sich diese sogar aus vorhandenen Vorträgen zusammenkopieren, sodass Sie mit einem minimalen Arbeits- und Zeitaufwand ein gerade noch vertretbares Ergebnis erzielen.

Wenn Sie die Folientitel – wie im Beispiel – klar formuliert haben, übernehmen Sie diese genauso auf Ihre Folien. So wird es Ihnen leichtfallen, auch während der Präsentation dem roten Faden zu folgen. Sie lesen einfach den Titel vor und wissen sofort, welche wesentliche Aussage auf der Folie dargestellt wird. Anschließend können Sie mit vollem Blickkontakt zum Publikum weitersprechen und improvisieren. Wenn Sie so vorgehen, werden Sie überzeugender wirken als die Redner, deren Vorträge keiner oder einer nur schwer erkennbaren logischen Struktur folgen. Diese lesen oft den gesamten Vortrag ab, um den Faden nicht zu verlieren.

DIE TITELBEREICHE DER FOLIEN RICHTIG NUTZEN

Für die Titel der PowerPoint-Folien werden die größeren Schriftarten eingesetzt. Viele Redner nutzen diesen Bereich der Folien schlecht, indem Sie nichtssagende Titel wie „Technische Rahmenbedingungen 1", „Technische Rahmenbedin gungen 2" usw. eintragen. Die eigentlichen Überschriften werden klein auf der Folie selbst untergebracht, sodass sie für das Publikum und die Redner schwer zu lesen sind. Professionelle Redner nutzen die Titelfelder voll aus und formulieren ganze Sätze mit der zentralen Aussage der Folie. Sollte einmal der Platz für einen vollständigen Satz nicht ausreichen und erstreckt sich der Inhalt über zwei Folien, kann der Satz auch problemlos mit „…" unterbrochen und auf der nächsten Folie fortgesetzt werden. In unserem Beispiel habe ich das bei den Folien 6 und 7 sowie bei den Folien 11 und 12 so gelöst.

Geben Sie Ihrer Präsentation einen Titel

Die meisten Präsentationen, die im Alltag zu sehen sind, weisen folgenden Mangel auf: Weder beginnt der gesamte Foliensatz mit einer Titelfolie, die Interesse weckt, noch ist der Redner in der Lage, verbal einen solchen Titel zu formulieren. Dabei wird im Alltag sichtbar, wie leicht es ist, Informationen mithilfe einer guten Titelgestaltung unter das Volk zu bringen. Beobachten Sie einmal, wie viele Käufer die ersten nachrichtlichen Informationen des Tages über die Titel der „BILD" aufnehmen, während sie beim Bäcker in der Schlange stehen.

Für Ihre Präsentation bedeutet das, dass Sie sich durchaus an der „BILD" orientieren können und einen guten Aufhänger wählen sollten. Je nachdem, wie viel Aufwand Sie betreiben wollen, gestalten Sie entweder eine Titelfolie oder bringen die aussagekräftige Formulierung mündlich bei Ihren Zuhörern an.

 DER TITEL FÜR DIE ROADSHOW

Wir fahren zu unseren Kunden! – Roadshow 2009

Sorgen Sie für eine gute Struktur

Ziel einer guten Struktur ist es, die unterschiedlichen Zuhörertypen so anzusprechen, dass alle die wesentlichen Elemente Ihrer Rede/Präsentation verfolgen können. Da aber Aufmerksamkeit und Konzentration bei den Zuhörern unterschiedlich schnell nachlassen, müssen Sie eine Präsentation sinnvoll aufbauen. Planen Sie gezielt, in welchen Phasen unbedingte Aufmerksamkeit erforderlich ist, und überlegen Sie sich, wie Sie Ihre Zuhörer immer wieder einmal zum richtigen Zeitpunkt aktivieren wollen.

Für Reden und Präsentationen: der Sachvortrag

Da Präsentationen mit PowerPoint in der Regel eine lineare Struktur aufweist – eine Folie folgt auf die andere –, bietet sich hier der klassische Sachvortrag an. Lesen Sie nun, was Sie dabei zu beachten haben.

So erzeugen Sie Aufmerksamkeit und schaffen den Überblick

Die Einleitung eines Sachvortrags besteht aus drei klar voneinander zu unterscheidenden Schritten. Im ersten Schritt wird das Interesse der Zuhörer geweckt. Setzen Sie hierzu den Titel Ihrer Präsentation ein. Wenn Sie möchten, stellen Sie bei einer PowerPoint-Präsentation zusätzlich ein zum Inhalt passendes aussagekräftiges Bild an den Anfang (ein Beispiel finden Sie auf der nächsten Seite). Halten Sie diese Passage sehr kurz, eine optimale Wirkung erzielen Sie, wenn sie nicht länger als zehn bis 15 Sekunden dauert.

Anschließend begrüßen Sie Ihr Publikum. Stellen Sie sich und, sofern es das Protokoll erfordert, anwesende Ehrengäste vor. So sorgen Sie für einen ersten guten Kontakt zum Publikum. Wenn die Zuhörer Sie – zum Beispiel bei Reden an Ihrer Arbeitsstelle – bereits kennen und vermutlich eine Begrüßung schon beim Eintreffen im Raum stattgefunden hat, können Sie auch auf die Begrüßung verzichten und unmittelbar zum nächsten Schritt übergehen.

Da ein Sachvortrag in aller Regel länger dauert, folgt am Ende der Einleitung die Präsentation der Redegliederung. Meist wird dieser Schritt auch visuell unterstützt, indem die Gliederung gut sichtbar mit einem Medium, beispielsweise einem Flipchart, vorgestellt wird.

Erste Folie der Beispielpräsentation
(Quelle http://www.heise-medien.de/presseinfo/bilder/ct/00/ctstip02.jpg)

Die Gliederungspunkte folgen einem Muster

Im Hauptteil einer Rede geht es darum, dass Sie die wesentlichen Punkte Ihrer Argumentation so platzieren, dass Sie damit Ihre Zuhörer in jedem Fall mehrfach erreichen. Denn erst durch die Wiederholung stellen Sie sicher, dass die Inhalte auch in Erinnerung bleiben.

Konkret bedeutet das, dass Sie die jeweils wichtigsten Argumente an den Anfang eines Gliederungsabschnitts stellen sollten. Auf diese Weise werden die Zuhörer zu einem Zeitpunkt mit den zentralen Inhalten konfrontiert, zu dem ihre Aufmerksamkeit noch hoch ist. Im Anschluss, wenn die Aufmerksamkeit dann langsam nachlässt, schieben Sie tiefer gehende Erklärungen und Erläuterungen nach. Ein positiver Nebeneffekt dieser Vorgehensweise: Sie holen direkt diejenigen Zuhörer ab, die es vorziehen, dass ein Redner schnell zum Punkt kommt. Wenn die erst einmal zufriedengestellt sind, können Sie mit den anderen Zuhörern weiter ins Detail gehen.

KONZENTRATIONSFÄHIGKEIT: DAS MAXIMUM SIND 20 MINUTEN

Wie lange kann ein Zuhörer eigentlich konzentriert einem Vortrag folgen, ohne dass der Vortragende Impulse setzen muss, um die Aufmerksamkeit zu erhalten beziehungsweise wiederherzustellen? Im Normalfall hält die Aufmerksamkeit etwa drei bis fünf Minuten an. Diese Zeitspanne verlängert sich auf 20 Minuten, wenn die folgenden Voraussetzungen vorliegen:

1. Der Zuhörer muss ein hohes Grundinteresse an dem Vortrag mitbringen.

2. Der Zuhörer muss ausgeschlafen sein.

3. Der Zuhörer muss gesund sein.

4. Der Vortrag muss morgens auf dem Höhepunkt der biologischen Leistungskurve stattfinden.

5. Der Zuhörer darf sich vorher nicht mit Dingen beschäftigt haben, die ihn vom Vortrag ablenken könnten.

6. Der Zuhörer darf nicht unter Zeitdruck stehen.

7. Im Vortragsraum müssen optimale Klimabedingungen herrschen und der Zuhörer muss bequem und ermüdungsfrei sitzen können.

Da alle diese Umstände selten vorliegen, sollten Sie Ihre Rede von vornherein so gestalten, dass Sie dem Zuhörer durchaus Phasen zumuten, in denen er die volle Aufmerksamkeit halten muss, aber auch bewusst Phasen der Entspannung mit einplanen.

Um sicherzustellen, dass sich Ihre Zuhörer jedes Mal zu Beginn eines neuen Gliederungsabschnitts wieder auf Ihre Worte konzentrieren und voll aufnahmefähig sind, sollten Sie jeweils am Ende eines Gliederungsabschnitts einen gestalterischen Höhepunkt setzen, neudeutsch „Wake-up-Point" genannt. Das erreichen Sie beispielsweise dadurch, dass Sie Ihre Zuhörer persönlich ansprechen, deutliche Akzente mit der Stimme setzen (lauter, leiser werden) oder statt gestalteter Folien ein schwarzes Chart einblenden. Mit der letztgenannten Maßnahme zwingen Sie das Publikum, sich wieder voll auf Sie zu konzentrieren.

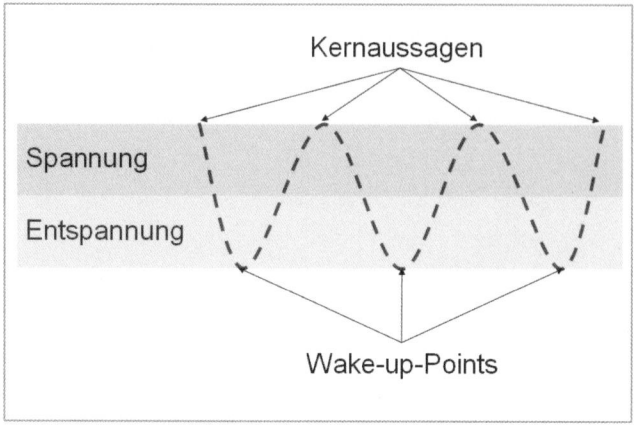

Spannungsbogen bei einem Vortrag/einer Präsentation

Schließen Sie jeden Gliederungsabschnitt damit ab, dass Sie den wesentlichen Aspekt in einer Kernaussage nochmals auf den Punkt bringen. Hier bietet es sich an, die Zielformulierungen, die Sie für Ihre inhaltlichen Ziele gefunden haben, einzusetzen. Damit signalisieren Sie dem Publikum, dass ein Punkt besonders wichtig ist, denn es wird zum zweiten Mal, wenn auch stark verdichtet, mit dem Hauptgedanken des Abschnitts konfrontiert. Dieser Inhalt dringt durch die Wiederholung wesentlich stärker in das Bewusstsein der Zuhörer als nach einer einmaligen Darstellung. Wesentlich für den weiteren Redeverlauf ist, dass Sie sich dabei auf einen Satz beschränken. Denn nur dann ist gewährleistet, dass auch die wesentliche Argumentation zu Beginn des folgenden Gliederungsabschnitts vom Publikum aufgenommen wird.

 ÜBERGÄNGE VON EINEM REDEABSCHNITT ZUM NÄCHSTEN

„... so habe ich im Rahmen meiner Tätigkeit für meinen früheren Arbeitgeber miterlebt, dass die Möglichkeit, direkt im Roadshow-Truck sowohl mit Technikern als auch mit Verkäufern des Unternehmens anhand der im Truck installierten Plattform über die Implementierung zu sprechen, die Zahl der Abschlüsse im Zweitgespräch ebenfalls um geschätzte zwei Prozent gesteigert hat."

(Höhepunkt, lauter, direkte Ansprache an den Geschäftsführer) „Herr Müller, die Maßnahme Roadshow eignet sich demnach erstklassig, um die von Ihnen gewünschte beschleunigte Abschlussquote zu erreichen."

(Kernaussage) „Um es nochmals auf den Punkt zu bringen: Ich erwarte mir von der Roadshow xxx Neukontakte und xxx Sekundär- und Tertiärkontakte sowie eine damit verbundene messbare Steigerung der Abschlussquote."

(Gliederungsabschnitt 3) „Kommen wir nun zu den Auswirkungen auf unser Budget. Eine Erhöhung des Budgets auf xxx Euro ist notwendig, um die Maßnahme in der erfolgversprechenden Form zu realisieren. Dabei setzt sich das Budget wie folgt zusammen: ..."

Eine solche Struktur führt dazu, dass während des Vortrags ein Rhythmus entsteht. Der stete Wechsel zwischen Phasen der Spannung und Phasen der Entspannung fordern den Zuhörer, aber überfordern ihn nicht. Wenn Sie so vorgehen, stellen Sie als Redner ein gutes Klima her, in dem die Zuhörer die Informationen gut verarbeiten können.

Im Schlussteil verankern Sie Ihre Botschaft

Im Schlussteil stellen Sie sicher, dass Ihre Informationsziele bei den Zuhörern verankert werden. Das geschieht, indem Sie zunächst in einer kurzen Aufzählung die wesentlichen Kernaussagen zusammenfassen.

EIN GELUNGENER REDEABSCHLUSS

„... Meine Damen und Herren, ich fasse nochmals zusammen:

- Die präzise Ansprache der Zielgruppe,

- ein Roadshow-Truck-Budget von xxx Euro und ein Budget von xxx Euro für die Vor- und Nachbereitung

- bringen uns xxx Neu-, Sekundär- und Tertiärkontakte.

- Und: Der Wettbewerb ist so nicht aktiv!

Deswegen **lassen Sie uns zum Kunden fahren** und geben Sie das Budget frei für unsere Roadshow 2009.

Die Zuhörer bekommen mit einer solchen Zusammenfassung die Essenz des Vortrags dargeboten. Und Sie betonen zum dritten Mal Ihr Anliegen und können weitgehend sicher sein, dass Sie die Inhalte bei Ihren Zuhörern platziert haben. Um das Publikum auf das Ende Ihrer Rede vorzubereiten und den Vortrag abzurunden, erfolgt der Bogenschluss zum Anfang. Idealerweise zeigen Sie hier noch einmal Ihre Einstiegsfolie oder wiederholen Ihre zu Beginn getätigte Aussage fast wörtlich (im Beispiel fett markiert). Die Zuhörer, die aus Büchern und Filmen das Happy End gewohnt sind, erkennen deutlich, dass sich der Kreis schließt, und sind bereit für Ihren Schlusssatz.

Bis hierher haben Sie den Boden vorbereitet, nun ist es an der Zeit, dass Sie Ihr Bewegungsziel in einen eindeutigen Appell umsetzen. Im dargestellten Beispiel ist das die Aufforderung, das Budget für die Roadshow freizugeben. Damit Ihr Appell volle Wirkung entfalten kann, sollten Sie idealerweise auf das obligate „Danke", das viele Redner direkt an die letzten Worte ihrer Rede anhängen, verzichten. Ansonsten verliert Ihre Aufforderung an Kraft.

 EIN NO-GO: VIELEN DANK FÜR IHRE AUFMERKSAMKEIT

> Eine der schrecklichsten Unarten, mit der sich der Redner persönlich vom Publikum distanziert und offenbart, dass ihm kein prägnanter Schluss für seine Präsentation eingefallen ist, besteht darin, den Satz „Vielen Dank für Ihre Aufmerksamkeit" nicht nur auszusprechen, sondern ihn auch noch auf eine Folie zu schreiben. So entsteht der Eindruck, als wäre dieser Satz das Wichtigste, was sich die Zuhörer merken müssen. Fatalerweise bleibt dieser Satz oft auch noch lange sichtbar und offenbart die absolute Unfähigkeit des Redners, einen Vortrag sauber abzuschließen, einen überzeugenden Appell zu formulieren und einen persönlichen Kontakt zum Publikum zu bewahren. Liebe Leser, liebe Leserinnen: Wenn Sie sich bedanken wollen, dann tun Sie es – aber bitte persönlich und ohne sichtbaren Spickzettel. Nutzen Sie die letzte Folie lieber dazu, einen Satz an die Wand zu werfen, der es wert ist, dass man sich an ihn erinnert. „Vielen Dank für Ihre Aufmerksamkeit" auf einer Folie – ein absolutes No-go!

Die folgende Grafik zeigt Ihnen die Struktur eines Sachvortrags übersichtlich zusammengefasst.

Der Sachvortrag

Einleitung	
Interesse	
Begrüßung	
Gliederung	1. 2. 3.

Hauptteil	Erstens	Zweitens	Drittens
Inhalt			
Höhepunkte			
Kernaussagen			

Schluss	
Summary	
Anfangsbezug	
Schlussaussage	

Arbeitsblatt: Vorbereitung eines Sachvortrags

ARBEITSMITTEL AUF CD-ROM

Auf der beiliegenden CD-ROM finden Sie dieses Dokument als pdf-Formular, sodass Sie es direkt zur Vorbereitung Ihrer Reden verwenden können.

So stellen Sie Workshopergebnisse vor

Die zuvor für den Sachvortrag beschriebene Vorgehensweise eignet sich sowohl für PowerPoint-Präsentationen als auch für Vorträge, die komplett ohne oder nur mit minimaler zeichnerischer Unterstützung, zum Beispiel am Flipchart, vorgetragen werden. Die letztgenannte Form wird oft genutzt, wenn zum Beispiel ein Workshopergebnis optimal aufbereitet und dem Publikum präsentiert werden soll.

Wie Sie dabei vorgehen, zeigt Ihnen das folgende Beispiel: Im Rahmen eines Workshops zum Thema „Das Leitbild im Alltag etablieren" haben Sie zusammen mit anderen Teamleitern Ideen ausgearbeitet, wie sich das neue Unternehmensleitbild auf die Arbeit in den Teams herunterbrechen lässt. Auf einem Flipchart haben Sie mit den anderen zusammen die folgenden Stichpunkte als Ergebnis festgehalten:

- Vorleben durch die Führungskräfte

- Anerkennung für leitbildorientiertes Verhalten geben

- Leitbild sichtbar visualisieren

- Teammeeting, um die Bedeutung des Leitbilds auszuarbeiten

- Ein Leitbild für jeden in Form von Karten

Ihre Ergebnisse sollen Sie den anderen Arbeitsgruppen vortragen, Sie haben dafür maximal fünf Minuten Zeit. Ziel dieser Vorträge ist es, ein einheitliches Verhalten auf Teamleiterebene über die verschiedenen Fachbereiche hinweg abzustimmen. In der Gruppe entscheiden Sie, dass ein Appell an die anderen Führungskräfte, das Leitbild zu leben, wichtig ist. Das Gesamtergebnis des Workshops ist, dass Sie Wert darauf legen, dass sich alle Teamleiter für eine verstärkte Visualisierung des Leitbilds bei der Projektsteuerungsgruppe einsetzen und dass in allen Teams ein Teammeeting zum Leitbild durchgeführt wird.

Einleitung

„Ausgedruckt, angesehen, abgeheftet, dieses Schicksal droht unserer Hochglanzbroschüre zum Thema Leitbild.

Liebe Kollegen, in unserer Gruppe haben wir Vorschläge ausgearbeitet, wie wir dafür sorgen können, dass unser neues Leitbild nicht dieses Schicksal erleidet. Wir haben uns dabei auf drei Punkte konzentriert:

- Die Einführung in den Teams

- Die Unterstützung durch uns als Führungskräfte

- Die Unterstützung durch das Projekt"

Kommentar: Die Eröffnung ist gut gelungen. Ein provozierender Satz zum Thema, dann folgt nur eine kurze Ansprache der Zuhörer, da sich die Workshop-Teilnehmer bereits vorher gesehen hatten und eine ausführliche Begrüßung zu viel wäre. Daran schließt sich eine übersichtliche Gliederung an.

Hauptteil

„Ausgedruckt, angesehen, heftig diskutiert. Heute haben wir selbst erlebt, wie wichtig es ist, dass es Gespräche zum und eine Auseinandersetzung mit dem Leitbild gibt. Die Verdichtung auf wenige zentrale Leitsätze schafft sonst eine zu große Distanz zwischen erlebter Realität und dem im Leitbild geäußerten Anspruch.

Da wir dies selbst erlebt haben, schlagen wir vor, in jedem unserer Teams ein Meeting durchzuführen, bei dem wir die Leitbilder in der Diskussion mit den Mitarbeitern auf unseren Arbeitsalltag herunterbrechen.

(Lauter werdend) Erst durch eine Diskussion wird das Leitbild verinnerlicht. Deswegen Kollegen, lasst uns im Anschluss die Durchführung von Teammeetings verbindlich festlegen."

> Kommentar: Der erste Abschnitt ist gelungen. Der nochmals aufgegriffene Anfangssatz fungiert als Aufhänger (Cliffhanger) und führt den ersten Gliederungspunkt ein. Am Ende des kurzen Abschnitts wird ein kleiner Höhepunkt durch die Hebung der Stimme erzeugt, sodass die Schlussfolgerung mit dem Appell an die Zuhörer in jedem Fall beim Publikum ankommt.

„Ausgedruckt, angesehen, ignoriert. Das ist, liebe Kollegen, der Eindruck, den unsere Mitarbeiter bekommen haben, wenn Sie in der Vergangenheit unser Verhalten als Führungskräfte mit dem damals gültigen Leitbild verglichen haben. Wir, unsere Führungskräfte, haben das Leitbild eingefordert, sind selbst aber in großen Schritten darüber hinweggegangen. An dieser Stelle dürfen wir bei der Neueinführung nicht in das gleiche Muster verfallen. Das gilt umso mehr, da in der derzeitigen wirtschaftlichen Situation Managerfehlverhalten durch die Medien an den Pranger gestellt wird. Damit ist auch die Bereitschaft der Mitarbeiter gestiegen, Fehlverhalten der eigenen Führungskräfte anzuprangern.

(Mit Geste in Richtung der Zuhörer) Einige von Euch werden jetzt sagen, ,Aber auch wir haben das Leitbild nicht entworfen, auch wir stehen nicht hinter jedem Punkt, auch wir machen Fehler!' Hier sage ich, Ihr habt natürlich Recht. Und dennoch entbindet Euch das nicht von der Verantwortung, das Leitbild aktiv zu leben und Euch der Kritik der Mitarbeiter zu stellen, wenn Ihr dagegen verstoßt.

Kollegen, wir appellieren an Euch: Werdet Eurer Vorbildrolle gerecht."

> Kommentar: Auch der zweite Gliederungsabschnitt wird hier durch einen Bezug zur Anfangssequenz eingeleitet. Dann folgt die ausführliche Argumentation in Hinblick auf die Situation. Da dieser Abschnitt länger ausfällt, wird die Kernaussage durch einen deutlich stärkeren Höhepunkt als im ersten Abschnitt eingeleitet. Zunächst einmal findet hier eine direkte Ansprache des Publikums statt, verbunden mit einer passenden Gestik. Dann wird dem Zuhörer ein Zitat in den Mund gelegt, was er einwenden könnte. Dabei handelt es sich um die rhetorische

Form der **Sermocinatio**. Diese Figur wird noch verstärkt, indem die einzelnen Satzteile stets gleich beginnen – „auch wir ..." –, das ist wiederum eine rhetorische Figur, die **Anapher**. Nachdem die Zuhörer wachgerüttelt wurden, folgt relativ knapp der Appell, der in diesem Fall die Kernaussage darstellt.

„Ausgedruckt, angesehen, ständig präsent. Ständig präsent muss unser Leitbild den Mitarbeitern und uns sein, damit es im Alltag nicht untergeht. Deswegen, liebe Workshop-Leiter, alleine schaffen meine Kollegen und ich es nicht, das Leitbild in den Köpfen der Mitarbeiter wachzuhalten. Hier ist Ihre beziehungsweise die Unterstützung während der Projekte gefordert.

Um das Leitbild in den Köpfen immer wieder zu reaktivieren, setzen wir auf äußere Zeichen. Das könnte beispielsweise eine Plakataktion sein, in der im monatlichen Wechsel neue Plakate zu jeweils einem Leitbildthema aufgehängt werden, oder wir drucken das Leitbild auf die Zugangskarten zum Firmengelände, sodass jeder Mitarbeiter es jeden Tag in der Hand hält. Dies sind nur einige Ideen, die die Wahrnehmung von der Bedeutung und den Inhalten des Leitbilds steigern würden.

(Blättert die Seite am Flipchart um, der nun zu lesende Spruch wird gleichzeitig ausgesprochen) Sehen, erneut sehen, verinnerlichen.

Geben Sie uns die Unterstützung, damit wir unseren Job tun können, und sorgen Sie für eine visuelle Präsenz des Leitbilds."

Kommentar: Auch dieser Gliederungsabschnitt ist vorbildlich gestaltet. Zum dritten Mal wird der Cliffhanger genutzt. Es folgt die Ansprache der Workshop-Leiter, eine Ideensammlung und schließlich der Höhepunkt, der diesmal über das Medium Flipchart und den dort zu lesenden Spruch erzeugt wird. Abschließend wird der Appell formuliert.

Durch die gewählte Struktur, mit dem Cliffhanger einzuleiten, wird es dem Zuhörer leichtgemacht, die drei Gliederungsabschnitte voneinander zu unterscheiden. Die unterschiedlichen Höhepunkte sind geeignet, um die Zuhörer, die vielleicht gerade gedanklich abgeschweift waren, wieder zurückzuholen. Und es bleiben keinerlei Zweifel daran, welche Ziele verfolgt werden, da jeder Redeabschnitt mit einer klaren Kernaussage abgeschlossen wird.

Schlussteil

„Ich fasse unsere Ergebnisse nochmals zusammen. Teammeetings, Vorbild-funktion und visuelle Präsenz, das sind unserer Meinung nach die Schlüs-selfaktoren für eine erfolgreiche Einführung des Leitbilds auf Teamebene.

Ausgedruckt, angesehen, abgeheftet verändert sich dann in ausgedruckt, angesehen, angenommen.

Liebe Kollegen, liebe Workshop-Leiter. Wir bitten Euch, nehmt unsere Vor-schläge an und setzt sie in die Praxis um!

> Kommentar: Auf eine knappe Summary, bei der nur noch die Schlüsselwörter aus den Kernaussagen wiederholt werden, folgt der Bogenschluss zu der An-fangsaussage. Hierzu wird die rhetorische Figur der **Alliteration** eingesetzt, bei der die einzelnen Wörter in einem Satz mit den gleichen Anfangsbuchstaben/ Anlauten beginnen. Im abschließenden Appell wird dann die eigene Erwartung deutlich und angemessen zum Ausdruck gebracht. Da es sich um einen Work-shop handelt und auch noch andere Ergebnisse daraus vorgestellt werden, ist die Form der Bitte mit anschließendem Verweis auf den Alltag die korrekte Form. Eine eindeutige Forderung wäre zu diesem Zeitpunkt zu viel.

Wie Sie an diesem Beispiel sehen, lässt sich die Struktur des Sachvortrags auch auf kurze Reden gut anwenden. Der Vortrag hebt sich mit Sicherheit wohltuend von den meisten Reden dieser Art ab, die in der Regel daraus be-stehen, dass die auf das Flipchart notierten Ergebnisse vorgelesen werden, ergänzt durch eine mehr oder weniger ausführliche Darstellung der Diskus-sionsprozesse. Im Unterschied dazu wurden im Beispiel zunächst einmal die Ziele abgestimmt auf das Publikum und den Anlass formuliert, anschließend wurde die Redestruktur umgesetzt. Dieses Vorgehen braucht zeitlich wenig Vorlauf und ist problemlos innerhalb eines Workshops zu realisieren.

So starten Sie zielorientiert eine Besprechung

Wenn es um das Thema Rhetorik geht, fällt häufig auch der Begriff „Mo-deration". Das hängt damit zusammen, dass Redner und Moderator in der Öffentlichkeit vor Publikum sprechen und in der Situation als Leiter wahrgenommen werden. Dennoch erfüllen die beiden unterschiedliche Funktionen. Während der Redner das Publikum von seiner Position überzeugen will, ist es die Aufgabe des Moderators, eine Gruppe von Menschen zu einem Ergebnis zu führen – unabhängig von seinen eigenen Ansichten und Überzeugungen. Der Moderator steuert also vielmehr den Prozess.

Im betrieblichen Umfeld vermischen sich diese beiden Rollen häufig. Da agiert der Moderator nicht wirklich neutral, sondern nutzt seine exponierte Stellung, um eigene Positionen wirkungsvoll zu platzieren, oder er trifft gar die finale Entscheidung in einer Sache. Letzteres kommt häufig vor, wenn die Entscheidungsmacht und die Moderatorenrolle bei einer Person liegen. Unabhängig von solchen Auswüchsen besteht die Aufgabe eines Moderators darin, das Thema der anstehenden Besprechung gut einzuführen, sodass anschließend eine qualitativ hochwertige Diskussion stattfinden kann. Dabei hat der Moderator auf die Zielorientierung und die Zeit zu achten. Damit die Besprechung zu einem guten Ergebnis führt, können Sie Ihre Redeanteile gliedern wie beim Sachvortrag.

Einführung

„Im Rahmen der heutigen abteilungsinternen Besprechung stehen die folgenden Themen an:

- Review der letzten Besprechung

- Umgang mit den Druckfehlern im aktuellen Veranstaltungskatalog

- Azubi

- Urlaub

Der Abteilungsleiter Kiko Alto eröffnet die Besprechung."

Einleitung

„Liebe Kollegen, eigentlich dürften wir gerade jetzt nicht hier zusammensitzen, sondern müssten an den Telefonen sein, um unseren Fehler mit den falschen Terminangaben im aktuellen Veranstaltungskatalog auszubügeln. Doch genau deswegen sind wir hier zusammengekommen, denn die Auseinandersetzung mit diesem Fehler ist der wesentliche Punkt auf unserer Agenda.

Daneben werden wir uns anschauen, inwieweit die Themen von unserer letzten Sitzung umgesetzt wurden. Wir werden festlegen, wie wir mit dem Azubi, der nächste Woche in unsere Abteilung kommt, umgehen wollen, und überprüfen, ob der Weggang von Frau Schröder aufgrund der umzuverteilenden Aufgaben Einfluss auf die bestehende Urlaubsplanung hat."

Kommentar: Unmittelbar in der Eröffnung einen Fehler aufzugreifen und die Zuhörer damit zu konfrontieren führt zweifellos direkt in das Thema ein. Dieses Vorgehen kann aber in einer angespannten Situation wie der, in der sich die Abteilungsmitglieder offensichtlich derzeit befinden, leicht Widerstand wecken. Ist der Einstieg in seiner provokanten Wirkung jedoch bewusst gewählt, sichert sich Kiko Alto in jedem Fall die Aufmerksamkeit der Anwesenden.

Die sich anschließende Gliederung ist knapp gehalten und umfasst die Ziele für die einzelnen Tagesordnungspunkte. Dabei ist festzustellen, dass folgende Ziele eher unscharf formuliert sind:

„... die Auseinandersetzung mit diesem Fehler ..." – Was genau soll hier geschehen, damit ein produktives Ergebnis in der Diskussion erzielt wird?

„... anschauen, inwieweit die Themen unserer letzten Sitzung umgesetzt wurden" – Mit welchen möglichen Konsequenzen?

„... überprüfen, ob der Weggang ... Einfluss auf die bestehende ..." – Was soll aus der Überprüfung abgeleitet werden?

Lediglich in Hinblick auf den Azubi spricht Kiko Alto direkt von einer Zielsetzung, sodass die Besprechung ein messbares Ergebnis erbringen wird.

Im Alltag werden häufig solche weichen Formulierungen verwendet, was in Besprechungen nicht selten dazu führt, dass die Teilnehmer stundenlang diskutieren und zu keinem wirklichen Ergebnis gelangen. In Kiko Altos Einführung ließe sich mit wenigen Worten deutlich mehr Klarheit schaffen.

Einleitung (teilweise korrigiert)

„.... Doch genau deswegen sind wir hier zusammengekommen. Wir wollen aus den Fehlern **Maßnahmen zur Fehlervermeidung** für den nächsten Katalog im Herbst abstimmen.

Daneben werden wir uns noch anschauen, inwieweit die Themen von unserer letzten Sitzung umgesetzt wurden und **was noch getan werden muss**, damit wir die Punkte beim nächsten Mal endgültig abhaken können ... Und schließlich werden wir die bestehende **Urlaubsplanung anpassen**, da der Weggang von Frau Schröder hier zu Durcheinander geführt hat."

Kommentar: In dieser Version sind die Formulierungen deutlich konkreter. So kann der Moderator in der Diskussion auch viel leichter erkennen, wann ein Ergebnis erzielt wurde, sodass er zum nächsten Thema überleiten kann.

Hauptteil 1

„Steigen wir gleich mit dem Thema ein, das uns alle derzeit in Atem hält. Vor zwei Wochen haben wir den neuen Katalog auf den Markt gebracht, und bereits an den ersten beiden Tagen wurde uns von Kunden zurückgemeldet, dass Fehler in den von uns verwendeten Datensätzen enthalten sind. Bei der ersten Analyse der Fehler hat sich herausgestellt, dass Datumsangaben aus dem letzten Jahr mit den aktuellen Veranstaltungen verknüpft wurden.

Und dann – und wie dies geschehen konnte, ist mir absolut unverständlich – wurde der Katalog mit diesen fehlerhaften Angaben zum Druck freigegeben! 200.000 Exemplare sind fehlerhaft auf den Markt gebracht worden, 200.000 Exemplare! Ich glaube, ich brauche Ihnen nicht zu sagen, welche Folgekosten Sie damit ausgelöst haben.

Nun, das Kind ist in den Brunnen gefallen, für den nächsten Katalog wollen wir den Brunnenschacht so gut abdecken, dass keiner mehr hineinfallen kann. Was schlagen Sie also vor, um derartigen Problemen in Zukunft vorzubeugen?"

Kommentar: Kiko Alto steigt offensiv in das Thema ein, was sich auch darin widerspiegelt, dass er großzügig mit rhetorischen Figuren umgeht: „In Atmen hält" ist eine **Metapher** (Übertragung), die bildlich die Bedeutung des Problems hervorhebt. Mit der Formulierung „Und dann – wie dies geschehen ...", setzt er eine **Preparatio** (Vorbereitung auf den folgenden Text) ein, die seine persönliche Unzufriedenheit vermittelt. „200.000 Exemplare, ..., 200.000 Exemplare!" ist eine **Reditio** (Verstärkung) der Fakten durch Wiederholung. Darauf folgt die **Allusion** (Anspielung) mit dem Appell an die Vorstellungskraft der Zuhörer, gefolgt von der zur **Alliteration** ausgeschmückten Brunnenmetapher.

Auf diese Weise gelingt es Kiko Alto auf der einen Seite, eine hohe Dynamik in den Vortrag zu bringen, andererseits riskiert er speziell durch die Verwendung der Preparatio, dass sich die Zuhörer in eine Verteidigungshaltung gedrängt fühlen. Das kann dazu führen, dass sich der erste Teil der nachfolgenden Diskussion in Rechtfertigungs- und Erklärungsversuchen erschöpft, das Gespräch also nicht lösungsorientiert mit dem Blick nach vorne geführt wird. Hätte Kiko Alto auf diese eine rhetorische Figur verzichtet, wäre ihm ein wirkungsvoller Einstieg in die Diskussion gelungen.

Im Gegensatz zur klassischen Rede endet hier der Vortrag erst einmal, in dieser Besprechung folgt nun eine Diskussion zwischen den Teilnehmern. Danach wird die Rede weitergeführt, und zwar in Form von Einführungen zu den übrigen Tagesordnungspunkten, von denen ich einen im Folgenden beispielhaft herausgegriffen habe. Am Ende der Rede steht eine abschließende Zusammenfassung, die die Ergebnisse auf den Punkt bringt.

Hauptteil 2

„Dann gehe ich davon aus, dass Sie das künftig so umsetzen wie besprochen. Wenden wir uns nun dem zweiten Punkt auf der Agenda zu, unserem Azubi.

Ursprünglich war geplant, dass sich Frau Schröder schwerpunktmäßig des Azubis annimmt, einen Lehrplan für ihn erstellt und sich dann intensiv um ihn kümmert. Das muss jetzt jemand von Ihnen übernehmen. Dabei geht es darum, dass der Azubi nicht nur als Kopierhilfe eingesetzt, sondern aktiv in die Tagesarbeit eingebunden wird. Und zwar so, dass er sich von den Anforderungen an unseren Arbeitsplätzen einen guten Eindruck verschaffen kann und etwas lernt. Wenn sich zeigt, dass wir einen guten Azubi haben, soll er auch produktiv zum Ergebnis der Abteilung etwas beitragen. Wer springt für Frau Schröder ein?"

Kommentar: Kiko Alto gibt eine kurze prägnante Einführung in die Aufgabe. Dabei wird auch deutlich, warum er das Ziel bereits zu Anfang der Besprechung so klar formuliert hat. Für Kiko Alto handelt es sich bei diesem Tagesordnungspunkt lediglich um die Zuordnung von Verantwortlichkeiten, es geht nicht um einen diskussionswürdigen Punkt. Das erklärt auch die geschlossene Frage am Ende.

Schlussteil

„Dann halte ich nochmals fest: Bei den künftigen Katalogproduktionen erfolgt die Druckfreigabe erst, wenn zwei Leute alles gegengeprüft haben. Die Betreuung des Azubis übernimmt Herr Gutler. Die bisherige Urlaubsplanung wird beibehalten, sofern keine längerfristigen Krankheiten auftreten. Und die Auswahl der Druckerei wird bis kommende Woche abgeschlossen sein, sodass wir keine offenen Punkte aus dem letzten Meeting mehr übernehmen müssen.

Liebe Kollegen, unabhängig von unserer Lösung für die Zukunft werden wir in den nächsten Wochen und Monaten noch oft mit dem Katalogproblem konfrontiert sein. Dabei werden Sie sowohl extern als auch intern mit einigen Spitzen rechnen müssen. Aber auch wenn Sie das irgendwann nervt, bitte atmen Sie tief durch und bleiben Sie freundlich. Es war unser Fehler.

So und jetzt wieder an die Arbeit!"

Kommentar: Der Schlusspart entspricht hier wieder voll dem Redeschema. Er umfasst eine kurze Summary, in der die wichtigsten Punkte nochmals zusammengefasst sind. Dann folgt der Bezug auf die eingangs geschilderte Situation, der Bogen zur „Atemmetapher" am Anfang gelingt gut, indem Kiko Alto tiefes Durchatmen empfiehlt.

> Lediglich der Schlussappell, mit dem die Mitarbeiter wieder an die Arbeit geschickt werden, ist nicht sonderlich elegant. Denn hier wird suggeriert, es habe sich bei der Besprechung nicht um Arbeit gehandelt. In Verbindung mit dem Grundton, der von Anfang an in der Rede enthalten war, entsteht der Eindruck, dass es sich bei der Zusammenkunft um eine Strafe handelt. Da allerdings die dazwischenliegenden Diskussionen und zwei Teile des Hauptteils fehlen, kann dieser Eindruck auch trügen.

Neutral hat sich der Moderator in dieser Sitzung mit Sicherheit nicht verhalten, dann hätte er die rhetorischen Stilmittel sparsamer einsetzen müssen. Dennoch ist die Art, die grundlegende Redestruktur des Sachvortrags auch einer Besprechung zugrunde zu legen, ein gutes Vorgehen, um dafür zu sorgen, dass die Struktur nicht verlorengeht und die Zielsetzungen im Blick bleiben.

Pro und Contra: vergleichen, gewichten, überzeugen

Eine Präsentation lässt sich nicht nur in Form eines linearen Sachvortrags gestalten, sondern auch als Vergleich. In der Regel ist diese Variante dann von Bedeutung, wenn Sie die Aufgabe erhalten zu überprüfen, welche Vorgehensweise bei vorliegenden alternativen Vorschlägen in einer bestimmten Situation am sinnvollsten ist. Dieses Vorgehen eignet sich auch, wenn es für Sie heißt, ein Konzept auszuarbeiten, und Ihre Zuhörer mehr als einen geprüften Ansatz erwarten.

Die Schwierigkeit bei diesen Präsentationen liegt darin, dass es für jeden Vorschlag Pro und Contra, also Gründe dafür und dagegen gibt. Es muss aber in Ihrem Interesse liegen, dass am Ende der Vorschlag, der Ihrer Meinung nach der bessere ist, auch bei den Zuhörern besser ankommt. Nichtsdestotrotz besteht Ihre Aufgabe darin, aller Argumente ausgewogen darzustellen.

Vielleicht wundern Sie sich jetzt, weil ich geschrieben habe, dass es für Sie wichtig ist, einen Vorschlag zu favorisieren und Ihre Zuhörer in diese

Richtung zu beeinflussen. Gibt es doch viele Redner, die ihre Reden nach einer ausführlichen Darstellung von Pro und Contra, von Variante A und B mit der Aussage beenden: „So, nun kennen Sie die beiden Möglichkeiten, und ich bitte Sie, Ihre Entscheidung zu treffen." Dieser Satz ist typisch, doch genauso typisch ist es, dass die so angesprochenen Personen keine Entscheidung treffen. Vielmehr bitten Sie den Redner meist darum, weitere Analysen durchzuführen und noch mehr Fakten zusammenzutragen, damit sie beim nächsten Meeting eventuell entscheiden können.

Dieses Verhalten hat etwas damit zu tun, dass es Zuhörern schwerfällt, zu einer Entscheidung zu kommen, wenn die zur Wahl stehenden Alternativen gleichermaßen positiv gewichtet werden. Daher sollten Sie in jedem Fall entscheiden, welcher Vorschlag Ihrer Meinung nach der bessere ist. Bereiten Sie die Argumente dafür dann so auf, dass die von Ihnen gewählte Alternative auch für das Publikum attraktiver wirkt. Das erleichtert den Zuhörern die Entscheidung, da sie die Gründe für und gegen die Vorschläge deutlicher voneinander abgrenzen können. In jedem Fall ist die Wahrscheinlichkeit gering, dass Sie ohne Entscheidung und gegebenenfalls sogar mit einer zusätzlichen Aufgabe aus der Situation herausgehen.

SORGEN SIE FÜR ÜBERSCHAUBARKEIT

Achten Sie darauf, dass Sie sich bei Ihren Ausführungen auf zwei Varianten konzentrieren. Sobald mehr als zwei Möglichkeiten ins Spiel kommen, fällt der Entscheidungsprozess in der Gruppe noch schwerer, da die Komplexität kaum zu überschauen ist.

Auch für den Vergleich braucht es Aufmerksamkeit

Ähnlich wie beim Sachvortrag ist es bei der vergleichenden Rede ebenfalls notwendig, dass die Zuhörer gleich zu Anfang so in das Thema eingeführt werden, dass ihre Aufmerksamkeit gebunden wird. Auch bei der Begrüßung können Sie dem gleichen Muster folgen wie beim Sachvortrag, lediglich wenn es um die Gliederung geht, ändert sich etwas. Hier sollten

Sie Ihr Ziel stärker in den Mittelpunkt stellen: „Ziel meiner Rede/Präsentation ist es, die Situation xy zu lösen." Dafür können Sie die eigentliche Gliederung sehr knapp halten: „Dazu werde ich Ihnen zwei Varianten vorstellen." Detaillierter müssen die Ausführungen nicht sein. Im Gegenteil, Sie sollten es sogar vermeiden, die beiden Möglichkeiten schon im Detail zu benennen, da die Zuhörer sonst schon sehr früh anfangen, sich eine Meinung zu bilden – und zwar noch bevor sie die ersten Argumente gehört haben.

 BEISPIEL **GEMEINSAME WERBUNG IN NORD UND SÜD**

„‚Platte gecrasht – wir retten Ihre Daten!' Ich sehe, einige von Ihnen schauen ein wenig überrascht, denn – und das wird vermutlich diejenigen überraschen, die gerade noch wissend genickt haben –, im Süden ist der Slogan ‚Probleme mit der HD, wir helfen Ihnen!' verbreitet.

Sehr geehrte Kollegen und Kolleginnen Bereichs- und Regionalleiter. Ich freue mich, dass Sie alle heute hier zusammensitzen, um gemeinsam eine Entscheidung darüber zu treffen, wie wir des Problems Herr werden, dass identische Produkte und Dienstleistungen in den nördlichen und den südlichen Regionen unterschiedlich und missverständlich beworben werden.

Im Folgenden werde ich Ihnen zwei verschiedene Ansätze zu einem einheitlichen Vorgehen vorstellen. In der anschließenden Diskussion bitte ich Sie dann darum, einen einheitlichen Ansatz zu verabschieden."

Eröffnen Sie mit Ihrem Vorschlag

Da die Aufmerksamkeit der Zuhörer – das habe ich bereits in Zusammenhang mit dem Sachvortrag dargestellt – zu Anfang deutlich höher ist als im weiteren Verlauf der Rede, sollten Sie den Vorschlag an den Anfang stellen, den Sie selbst bevorzugen. Benennen Sie zu Beginn des Redeabschnitts die wichtigsten Argumente, die sogenannten Kernargumente. Arbeiten Sie sich dann Schritt für Schritt zu den unwichtigeren Aspekten vor, die zwar dazu beitragen, das Thema umfassend darzustellen, bei der Entscheidungsfindung aber keine wesentliche Rolle spielen. Lediglich ein

Kernargument sollten Sie noch zurückhalten, damit Sie es am Ende der Rede/Präsentation als „Killerargument" zusätzlich einwerfen können. Was das bedeutet erfahren Sie gleich.

WENN DIE AUSGANGSSITUATION NICHT ALLEN BEKANNT IST

Eine Ausnahme von der dargestellten Vorgehensweise besteht, wenn die Ausgangssituation nicht allen Teilnehmern bekannt oder bewusst ist. Denn dann würde die Argumentation für Ihren Vorschlag ins Leere laufen. In einer solchen Situation sollten Sie vor Ihre Argumentation eine kurze Einführung stellen. Die Betonung liegt auf „kurz", die Ausführungen sollten mit maximal zwei Präsentationsfolien abzuhandeln sein.

Auch sollten Sie dann daran denken, nach diesem Part einen kleinen Höhepunkt einzuflechten, damit die Zuhörer anschließend wieder mit voller Konzentration Ihren Ausführungen folgen.

Dass die Zuhörer im Verlauf dieses Abschnitts gedanklich abschweifen beziehungsweise unaufmerksam werden, ist bei diesem Redeschema Teil der Strategie. Denn erst dann, wenn sich bei den Zuhörern erste Ermüdungserscheinungen zeigen, gehen Sie zum nächsten Redeabschnitt und damit zur alternativen Vorgehensweise über.

Achten Sie auf eine ausgewogene Darstellung

Wenn Sie dann den alternativen Vorschlag vorstellen, achten Sie darauf, dass auch dieser in der Sache vollständig beleuchtet wird und Sie keine wesentlichen Aspekte unterschlagen. Lediglich in Bezug auf die Gestaltung unterscheidet sich dieser Abschnitt vom ersten Teil der Rede.

■ Halten Sie sich während dieses Redeabschnitts mit schmückenden und aufmerksamkeitsfördernden Elementen, zum Beispiel rhetorischen Stilmitteln oder Stimmmodulationen, zurück. Machen Sie es den Zuhörern schwer zu erkennen, dass auch dieser zweite Vorschlag attraktiv sein könnte.

- Legen Sie Argumente vorrangig nur als Kette aus Aussage und Begründung dar. Verzichten Sie bewusst auf illustrierende Beispiele oder ausführliche Beweisführungen.

- Ist es unumgänglich, Belege zu erbringen, lassen sich diese in Folien verpacken, die textlastig sind und schon durch die Menge an Informationen die Zuhörer geradezu erschlagen. Alternativ eignen sich auch unaufbereitete Excel-Tabellen, die ohne jede Bearbeitung in PowerPoint übertragen zu viele Informationen auf einem Chart zusammenfassen.

Das Ziel dieser Art der Darstellung ist es, den Zuhörern zu zeigen, dass Sie sich auch mit der zweiten Alternative intensiv auseinandergesetzt haben, ohne jedoch ernsthaft für sie zu werben. Vergleichen Sie die beiden Redeabschnitte einfach mit einem Besuch auf dem Markt. Sie sehen zwei Äpfel nebeneinander liegen: Aus Erfahrung wissen Sie, dass beide dazu geeignet sind, Apfelmus zuzubereiten. Dennoch entscheiden Sie sich für den Apfel, der glänzender, roter und damit irgendwie attraktiver auf Sie wirkt. Ähnlich verhält es sich mit der Darstellung unterschiedlicher Möglichkeiten. Inhaltlich sind die beiden Varianten nahezu gleichwertig, wenn es um die Darstellung nach außen geht. Doch ist diese bei der ersten Variante, der, für die Sie sich entschieden haben, eindeutig glänzender und spricht daher die Zuhörer stärker an.

Platzieren Sie das entscheidende Argument

Um die Entscheidung für Ihren Vorschlag herbeizuführen, sollten Sie gegen Ende der Rede dafür sorgen, dass auch inhaltlich mehr für Ihren Favoriten spricht als für die andere Möglichkeit. Doch damit die Zuhörer das auch realisieren, ist es zunächst notwendig, dass Sie einen Höhepunkt setzen, um sie wieder vollständig auf Ihre Rede auszurichten.

Wie beim Sachvortrag bedeutet das für Sie, mithilfe Ihrer Stimme, Ihrer Körpersprache und rhetorischen Stilmitteln, gegebenenfalls auch durch einen Medienwechsel, die Aufmerksamkeit neu zu wecken. Verglichen mit dem Sachvortrag muss diesmal der Höhepunkt allerdings deutlich stärker ausfallen, da die Zuhörer eine deutlich längere Tiefphase hinter sich haben.

Anschließend platzieren Sie noch ein Argument, das Ihren Vorschlag besonders stark unterstützt. Dabei handelt es sich um ein neues, bisher noch nicht genanntes Argument, das damit den Charakter des bereits beschworenen Killerarguments erhält.

WIE SIE MIT DEM KILLERARGUMENT DIE ALTERNATIVE AUSHEBELN

„... (laut) Meine Damen, meine Herren, Sie fragen sich jetzt wahrscheinlich: ‚Und nun, sollen wir jetzt würfeln, denn Für und Wider gibt es für beide Vorschläge?' Ich sage nein, denn wenn Sie würfeln, ist die Chance, dass Sie am Ende zu den Verlierern gehören, eindeutig zu hoch. Einen wesentlichen Aspekt im Zusammenhang mit der ersten Variante sollten Sie daher noch wissen: Auch wenn regionale Unterschiede in lokalpatriotischen Geschichten häufig hochgespielt werden, zeigt die Realität doch, dass die Unterschiede heruntergebrochen auf das Individuum verschwindend gering sind. Warum? Weil bestimmte Reaktionen auf Stresssituationen von der Herkunft unabhängig sind.

So zeigen unsere Kundenbefragungen eindeutig, dass als erste Reaktion auf einen Festplattencrash überall erst einmal ein Panikgefühl auftritt, weil vielleicht wichtige Daten nicht gesichert sind, sich also ausschließlich auf dieser Platte befinden könnten. 86 Prozent der Befragten haben diesen Punkt genannt, Panik, 86 Prozent. Dabei gab es keinen Unterschied, ob die Befragung in München oder in Düsseldorf stattfand. Es gab keinen Unterschied in den Ergebnissen, ob die Befragten von privaten oder von Firmenrechnern sprachen.

Und das ist ohne weiteres nachzuvollziehen. Stellen Sie sich einmal vor, Ihr Rechner würde jetzt, gerade jetzt crashen. Wie würde es Ihnen da gehen – wenn Sie unsere Dienstleistung nicht kennen würden? Ich frage mal den Stuttgarter unter uns – oder soll ich den Hamburger fragen? Sie werden mir beide antworten: ‚Mist, ich habe noch nicht alle Daten abgeglichen. Im Zug ist die UMTS-Verbindung immer wieder abgerissen und hier haben wir ja sofort angefangen. Da habe ich den Rechner noch nicht wieder angeschaltet.'

Und genau das ist der Punkt. Es macht also keinen Sinn, die Werbung im Norden und Süden und eventuell noch im Westen und Osten unterschiedlich zu gestalten, wenn unsere Zielgruppe doch in allen Regionen gleichermaßen durch einen Slogan angesprochen wird."

Beziehen Sie Position

Für den abschließenden Teil empfehle ich Folgendes: Formulieren Sie eine Zusammenfassung Ihrer wichtigsten Argumente und verknüpfen Sie sie mit einer eindeutigen Positionierung. Gehen Sie hier wie beim Sachvortrag vor. Greifen Sie schlagwortartig die Argumente nochmals auf, die für Ihren Vorschlag sprechen. Dabei sollten Sie sich auf die Kernaussagen konzentrieren, sodass die Zuhörer diese am Ende besonders gut in Erinnerung behalten.

Auch ist es wichtig, dass Sie mit Ihren Ausführungen eine eindeutige Ich-Botschaft senden, die den Zuhörern deutlich macht, dass Sie diese Variante persönlich für die bessere halten.

 BEISPIEL EINE KLARE POSITIONIERUNG

Meine Damen, meine Herren, aus meiner Perspektive sprechen die genannten Punkte:

- 23 Prozent Kosteneinsparungen,

- durchgängiger Marktauftritt und

- universal gültige Ansprache in den Botschaften

eindeutig für ein bundesweit einheitliches Vorgehen. Ich halte dies für die bessere Variante.

Machen Sie sich klar, dass das Publikum eine Empfehlung oder zumindest eine persönliche Stellungnahme von Ihnen erwartet. Wenn Sie einen Vergleich vornehmen, ist es menschlich, wissen zu wollen, wie denn Ihre persönliche Ansicht dazu aussieht. Vor allem wenn Sie Experte für ein bestimmtes Thema sind, erwarten die Zuhörer nicht nur eine ausgewogene Darstellung sondern auch eine Empfehlung. Enttäuschen Sie Ihr Publikum nicht, indem Sie profillos agieren und die Zuhörer zu einer Entscheidung auffordern, ohne Ihren persönlichen Standpunkt dargelegt zu haben.

Die vergleichende Präsentation

Einleitung

Interesse

↓

Begrüßung

Variante 1

Kernargument

Kernargument

↓

Argumente

Variante 2

Argumente

Variante 1

Höhepunkt

Kernargument

Schluss

Position

↓

Anfangsbezug

↓

Schlussaussage

Hinweis: Eine knappe Gliederung ist nach der Begrüßung möglich

Aussage	Begründung	Fazit
Sachliche Untermauerung der Begründung		Emotionales Beispiel für die Begründung

Aussage	Begründung	Fazit
Sachliche Untermauerung der Begründung		Emotionales Beispiel für die Begründung

Aussage	Begründung	Fazit
Sachliche Untermauerung der Begründung		Emotionales Beispiel für die Begründung

Arbeitsblatt: Vorbereitung einer vergleichenden Präsentation

Schließen Sie den Kreis und formulieren Sie einen Appell

Den Vortrag schließen Sie nun, wie vom Sachvortrag gewohnt, damit ab, dass Sie sich erneut für die Zuhörer erkennbar auf Ihre einleitenden Worte beziehen und anschließend den Appell zur Entscheidung an Ihr Publikum richten. Da sich in solchen Situationen im Regelfall eine Diskussion anschließt, sollten Sie Fragen zu deren Steuerung vorbereitet haben, die Sie gleich im Anschluss an Ihren Appell einbringen können.

 NUTZEN SIE DIE ARBEITSMITTEL AUF DER CD-ROM

Ich habe für Sie einen Überblick über das Gliederungsschema zusammengestellt. Sie finden ihn auf Seite 51 und auch als pdf auf der CD-ROM.

Konsequent überzeugend: die dialektische Rede

Im Unterschied zu den beiden bisher vorgestellten Redeschemata ist der dialektische Diskurs nicht für eine PowerPoint-Präsentation im eigentlichen Sinne geeignet. Bei diesem Redeschema stehen die Person des Redners im Mittelpunkt und die personifizierte Auseinandersetzung mit Argumenten, die in einer Runde bereits in der Vergangenheit vorgetragen wurden oder auf die spontan reagiert werden soll.

Die typische Situation, in der es sinnvoll ist, auf dieses Redeschema zurückzugreifen, sieht folgendermaßen aus: Nicht zum ersten Mal findet zu einem bestimmten Thema eine Besprechung statt. In der Vergangenheit wurde über Argumente sowohl für die eine als auch für die andere Seite diskutiert. Es haben sich bereits Lager gebildet: Die Auseinandersetzung wird mit zunehmender Härte geführt und der Überzeugungsprozess immer schwieriger. In einer solchen Lage werden Sie nicht mehr auf eine vollständige PowerPoint-Präsentation zurückgreifen, um Ihre Position und Ihre Argumente deutlich zu machen, sondern lediglich vereinzelt Charts an den Stellen einsetzen, an denen die sachliche Beweisführung in der Rede eine Untermauerung erfordert.

Bereiten Sie sich gut auf die Gegenargumente vor

Damit Sie mit einer dialektischen Rede überzeugen, ist es notwendig, sich mit den wichtigsten Argumenten der Gegenseite detailliert auseinanderzusetzen und diese nach und nach zu entkräften. Empfehlenswert ist es daher, dass Sie sich anhand der Checkliste auf Seite 54 zunächst in die Position der Gegenseite (Contra) einarbeiten. Stellen Sie dazu alle Argumente, die Ihrer Meinung nach vorgebracht werden könnten, zusammen und notieren Sie sie. Sammeln Sie auch die Fakten, mit denen die Gegenseite ihre Position begründet. Im Regelfall sollte Ihnen leicht möglich sein, da ja bereits mehrere Sitzungen zum gleichen Thema stattgefunden haben. Anschließend gewichten Sie die Argumente dahingehend, welche für die Gegenseite von besonderer Bedeutung sind.

Erst wenn dieser Schritt abgeschlossen ist, gehen Sie dazu über, Ihre eigenen Argumente zusammenzustellen. Schreiben Sie sie zunächst unsortiert auf. Anschließend stellen Sie Ihre Argumente den zentralen Argumenten der Gegenseite gegenüber, sodass keines unwidersprochen bleibt. Prüfen Sie dann, ob die Beweise, die Sie für Ihre Argumente anführen, stark genug sind, um die Argumentation der Gegenseite zu widerlegen. Prüfen Sie auch, welche emotional anschaulichen Beispiele Sie anbringen können, um die Aussagekraft Ihrer Ausführungen in Bezug auf die zentralen Argumente der Gegenseite nochmals zu steigern (wie das geht, erfahren Sie im nächsten Kapitel genauer).

Überlegen Sie abschließend, ob Ihnen noch ein Argument für Ihre Sichtweise einfällt, das im gesamten bisher erfolgten Diskussionsprozess noch nicht aufgetaucht ist. Dieses sollten Sie dann für den Abschluss der Rede vorsehen. Falls Sie bei der Gegenüberstellung feststellen, dass Sie die Argumente der Gegenseite nicht unmittelbar entkräften können, haben Sie drei Möglichkeiten, um zu reagieren:

1   Sie geben Ihren Widerstand auf und stimmen der anderen Position zu.

2   Sie verwenden nicht den dialektischen Diskurs, sondern das für vergleichende Präsentationen vorgesehene Redeschema. Das bedeutet, Sie stellen Ihre Argumente und die Argumente der Gegenseite nicht einzeln, sondern als Blöcke einander gegenüber.

3 Sie verwenden das Redeschema für den dialektischen Diskurs. Allerdings wählen Sie, wenn Sie ein Argument der Gegenseite nur schwer entkräften können, nicht ein schlagendes Argument, sondern zwei weniger wichtige aus. Dabei achten Sie darauf, dass Sie die Beweisführung emotionaler gestalten als sonst, wenn Sie doch eher fachlich-sachlich bleiben.

Machen Sie sich aber klar, dass Sie aus einer schwachen Position heraus agieren, wenn Sie sich für die zweite oder dritte Variante entscheiden.

✓ CHECK ZUR VORBEREITUNG EINES DIALEKTISCHEN DISKURSES

Pro	Nr.	Contra	Nr.

Widerlegen Sie Zug um Zug die Gegenargumentation

Während die Einleitung in diese Art der Rede genauso gestaltet werden sollte wie bei der vergleichenden Präsentation und der Schluss zumindest vergleichbar, unterscheidet sich der Hauptteil deutlich.

Zunächst einmal sollten Sie ein im vorangegangenen Diskussionsprozess bereits häufig verwendetes Kernargument erneut aufgreifen, das Ihre Position stützt und von der Gegenseite grundsätzlich bejaht wird. Die typische Reaktion des Zuhörer muss wie folgt aussehen: „... in diesem Punkt haben Sie ja recht, **aber** ..." Doch statt dass die Gegenseite dieses Aber formuliert, greifen Sie aktiv vor und nehmen selbst ein wichtiges Argument auf – nur um es dann direkt im Anschluss zu widerlegen.

EINE ÜBERZEUGENDE ARGUMENTATION IM DIALEKTISCHEN DISKURS

„... Sie sehen also, die Kostenseite weist eindeutig ein Plus aus, wenn wir uns auf eine einheitliche Ausführung der Werbematerialen in den Regionen entscheiden. ‚Das stimmt schon', werden Sie jetzt vermutlich sagen. Natürlich sind die Kosten niedriger, wenn in größerer Auflage gedruckt werden kann. **Aber** wir dürfen doch nicht nur die Produktionskosten betrachten, sondern müssen auch berücksichtigen, was unter dem Strich herauskommt. Schließlich kaufen die Kunden eher, wenn Sie sich durch die Werbematerialen angesprochen fühlen. Und genau das schaffen wir mit regionalen, an die Besonderheiten des lokalen Marktes angepassten Marketingmaterialen.

Diese Argumentation ist auf den ersten Blick einleuchtend. Doch werfen wir einen zweiten Blick darauf. Ich habe die in den vergangenen fünf Jahren durchgeführten Werbeaktionen ausgewertet, bei denen potenzielle Kunden mit einer Antwortkarte unmittelbar reagieren konnten. Insgesamt wurden 15 solcher Aktionen durchgeführt. Davon waren elf regional individualisiert, vier hingegen wurden bundesweit einheitlich durchgeführt. Die Rücklaufquote lag bei all diesen 15 Aktionen zwischen drei und vier Prozent – unabhängig davon, ob die Maßnahme individuell gestaltet war oder nicht. Sie sehen also, dass die Wirkung regionaler Werbung häufig überschätzt wird.

Gut, werden Sie sagen, das mag so sein, **doch** unsere eigenen Vertriebsmitarbeiter stehen viel stärker hinter Werbung mit einem regionalen Bezug. Auch das ist nachvollziehbar, agieren die Vertriebsmitarbeiter doch lokal. Allerdings hat unsere letzte Mitarbeiterbefragung im Vertrieb auch ergeben, dass sie sich wünschten, unsere Marke wäre bekannter. Sie sprachen dabei unter anderem an, dass die im Fernsehen geschalteten Werbespots häufig nicht in den Printmedien wiederzufinden sind und ihre Kunden den Bezug zu den Spots daher nicht herstellen könnten ..."

Wie in dem aufgeführten Beispiel arbeiten Sie sich nun konsequent durch die zentralen Gegenargumente und führen quasi vor Publikum den Dialog mit der Gegenseite.

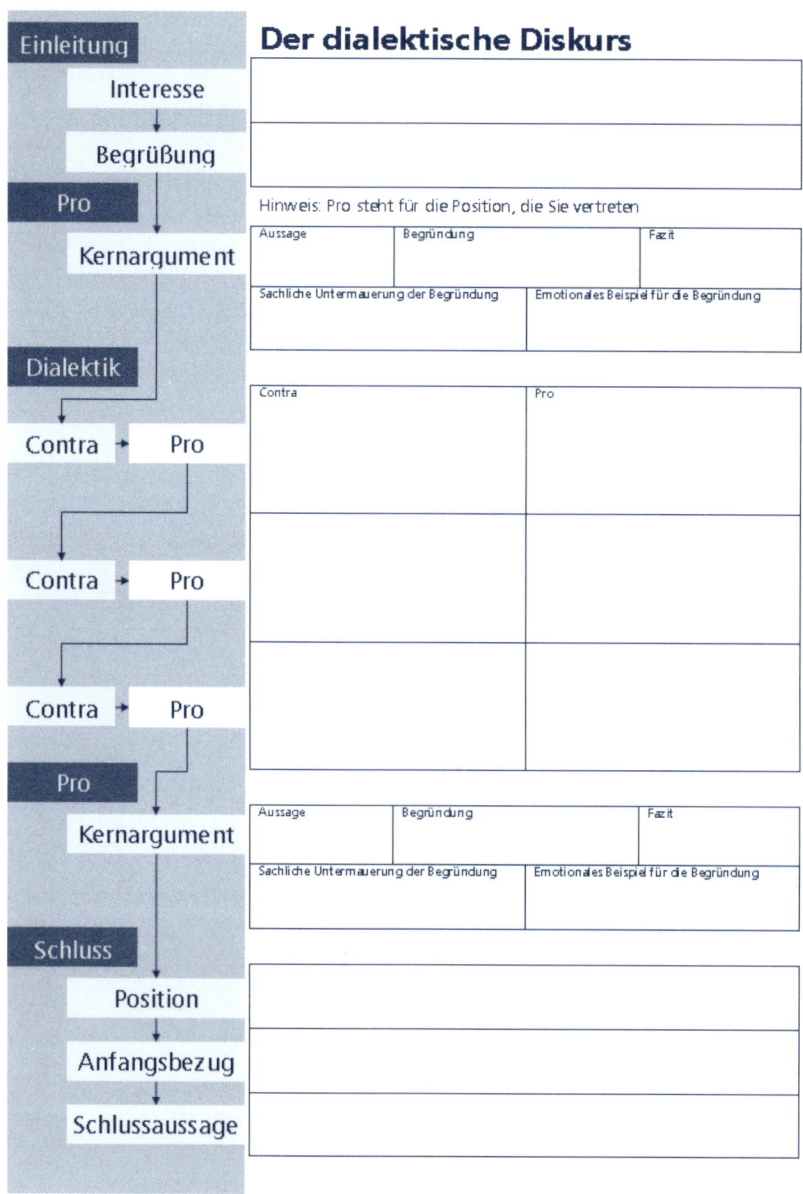

Arbeitsblatt: Vorbereitung eines dialektischen Diskurses

Die Eins-zu-eins-Gegenüberstellung entwickelt dabei viel Überzeugungskraft, und die Rede ist dem echten Dialog insofern überlegen, dass Sie den roten Faden durch die Argumentation in der Hand behalten. Sie können die Diskussion auf die wesentlichen Punkte begrenzen und verhindern, dass sie sich festfährt, wenn es um Einzelaspekte oder Nebensächlichkeiten geht.

Die wesentliche Herausforderung für den Redner besteht beim dialektischen Schema darin, den Zuhörer im ständigen Hin und Her nicht zu verlieren und zu verwirren. Deshalb sollten Sie unbedingt darauf achten, die Rede kurz zu halten. Mehr als zehn Minuten sind kaum zu bewältigen – und zwar sowohl für den Redner, der sein Publikum so führen muss, dass die Aufmerksamkeit nicht nachlässt, als auch für das Publikum, das den Überblick behalten muss.

NUTZEN SIE DIE HILFSMITTEL AUF DER CD-ROM

Auf Seite 56 habe ich Ihnen das Gliederungsschema für den dialektischen Diskurs im Überblick dargestellt. Sie finden es auch auf der CD-ROM.

Stellen Sie Ihre Argumente zusammen

Die Basis für die Argumentation in der Rede lieferte in der klassischen Rhetorik die Topik. Darunter versteht man die Lehre von der Auffindung von Inhalten, sie wird auch als Ortslehre bezeichnet. Ein Redner, der auf der Suche nach Argumenten für seine Ausführungen war, prüfte in Stoffsammlungen, welche „Orte" ihm die besten Ansatzpunkte für seine Argumentation liefern konnten. Da es sich um eine sehr systematische Vorgehensweise handelt und die damals verwendeten Orte auch heute noch weitgehend gute Fundstellen für Argumente liefern, sollten Sie sie bei der Vorbereitung Ihrer Reden ebenfalls einbeziehen. Generell werden zwei Kategorien von Fundstellen unterschieden, die sachbezogenen und die personenbezogenen.

Suchen Sie nach Ansatzpunkten für Ihre Rede

In den folgenden Checklisten habe ich Ihnen einige Fragestellungen zusammengestellt, die es Ihnen erleichtern, Ansatzpunkte für Ihre Argumentation zu finden. Die klassischen Fundstellen, die Ihnen mit ein wenig Nachdenken Argumente für Ihre Position liefern, sind in den Tabellen immer fett markiert.

SACHBEZOGENE FUNDSTÄTTEN FÜR ARGUMENTE ✔ CHECK

Fragestellung	Geprüft?
Gibt es bei Ihrem Thema einen Sachverhalt, der im Wesentlichen von einem **Ort (Locus)** im Sinne von Raum, Gebäude, einem Standort oder einem Land abhängt?	☐
Gibt es bei Ihrem Thema einen Sachverhalt, bei dem die **Zeit (Tempus)** eine besondere Rolle spielt, zum Beispiel Meilensteine, Jahreszeiten oder Durchlaufzeiten?	☐

Welche besonderen **Umstände (Circumstantia)** gibt es, die bei Ihrem Thema eine besondere Rolle spielen, zum Beispiel Wettbewerberaktivitäten, Kostendruck, Vorgaben des Vorstands? ☐

Welche Sachverhalte, die Ihnen bei Ihrem Thema besonders wichtig sind, lassen sich mit anderen Sachverhalten **vergleichen (Compartio)**, bei denen eine Entscheidung in Ihrem Sinne getroffen wurde? ☐

Welche Situation **ähnelt (Similitudo)** der Situation, die Sie in Ihrem Vortrag behandeln, ohne dass eine Eins-zu-eins-Vergleichbarkeit vorliegt? ☐

Kann es sein, dass durch eine bestimmte **Art und Weise (Modus)**, mit der vorgegangen wird, die Probleme verschärft/gelöst werden? ☐

Können Sie die Situation, die Sie in Ihrem Vortrag behandeln, so **definieren (Definitio)**, dass Sie damit die Basis für Ihre weitere Argumentation legen? Beispiel: Es handelt sich bei meinen folgenden Ausführungen ausschließlich um eine Betrachtung der Kosten aus Sicht der Entwicklung. ☐

Gibt es **einen Grund/eine Ursache (Causa)**, den/die Sie anführen können, warum die Probleme aufgetreten sind, die Sie im Vortrag ansprechen? ☐

Welche **Möglichkeiten (Facultas)** könnten bei der Entscheidung eine Rolle spielen/eine Rolle gespielt haben, wenn Sie den Sachverhalt aus der heutigen Perspektive ansehen? ☐

Gibt es Dinge, die Sie als **fingierte Annahme (Fictio)** in den Raum stellen können, um darauf Ihre Argumentation zu gründen? Beispiel: Angenommen, der Mitbewerber würde schon damit anfangen, sich diesen Markt zu sichern. Wäre das nicht ein klares Signal für uns, dass dort Potenziale liegen, die wir uns erschließen sollten? ☐

Bei Ihren Vorbereitungen sollten Sie vor allem in Hinblick auf die Informationsziele, die Sie mit Ihrer Rede erreichen wollen, diese Fragen sorgfältig beantworten. Denn dadurch werden Sie zahlreiche Ideen bekommen, welche Argumente Sie entwickeln können, um Ihre Informationsziele zu unterstützen. Und dadurch, dass Sie die Situation aus unterschiedlichen Blickwinkeln betrachten, ist sichergestellt, dass Sie in jedem Fall variantenreich argumentieren können. Sie werden dann immer noch ein Argument in der Hinterhand haben, wenn Ihnen eine kritische Zwischenfrage gestellt wird.

Neben den rein sachbezogenen Fundstellen für Argumente gibt es die, die sich inhaltlich an der Person des Zuhörers orientieren – oder wie in der klassischen Gerichtsrede an der Person des Angeklagten – oder an den Personen, die an der Sache beteiligt sind.

PERSONENBEZOGENE FUNDSTÄTTEN FÜR ARGUMENTE ✓ CHECK

Fragestellung	Geprüft?
Gibt es bezogen auf Ihren Vortrag Themen, die durch die **Nationalität (Volksstamm, Natio)** der beteiligten Personen beeinflusst werden, zum Beispiel Protektionsproblematiken?	☐
Gibt es bezogen auf Ihren Vortrag Themen, bei denen das **Geschlecht (Sexus)**, die **körperliche Fitness (Habitus corporis)** oder das **Alter (Aetas)** der Beteiligten eine Rolle spielen, zum Beispiel Fragen der Belastbarkeit bei der Ressourcenplanung?	☐
Gibt es Argumente, die sich auf die **Erziehung und Ausbildung (Educatio und Disciplina)** oder auf den gelernten **Beruf (Studia)** gründen und für Ihr Thema eine Rolle spielen? Beispiel: Sie stehen vor der Aufgabe, ein Team zusammenstellen zu müssen.	☐
Gibt es eine **Vorgeschichte (Ante acta dicta)**, die bezogen auf eine oder mehrere Personen eine Rolle für Ihr Thema spielt? Bestehende zum Beispiel Konflikte zwischen verschiedenen Abteilungen?	☐

Gibt es bestimmte **Neigungen (Quid affectet quisque)**, die eine Person zeigt und die für Ihren Vortrag eine Rolle spielen? Beispiel: Jemand weist Begeisterung und Fähigkeit zum Sprachenlernen auf oder ein Zuhörer setzt bevorzugt Kollegen aus seiner ehemaligen Abteilung für Sonderaufgaben ein.

☐

Lässt sich die **soziale Stellung (Conditio)**, die **Abstammung (Genus)** aus einer bekannten Familie oder der gute **Name (Nomen)** von einem der Zuhörer dafür nutzen, die eigenen Argumente besonders gut zu platzieren, zum Beispiel für die öffentliche Initiierung eines sozialen Projekts?

☐

Gab es Einflüsse des **Schicksals (Fortuna)**, die unmittelbaren Einfluss auf Ihr Thema genommen haben, zum Beispiel Todesfälle im Team, die überraschende Insolvenz eines Kunden?

☐

Wenn Sie sich darin trainieren, die verschiedenen Fundstellen für Argumente konsequent durchzugehen, werden Sie auch in spontanen Rede- und Gesprächssituationen selten um neue Gedankengänge ringen müssen. Konsequent genutzt bietet die Topik eine Hilfestellung für jede Situation, in der Argumente gefragt sind.

Formulieren Sie überzeugend

Argumente überzeugend zu formulieren ist eine wahre Herausforderung. Die meisten Menschen bezeichnen umgangssprachlich bereits eine einfache Aussage als Argument, weil sie in der Regel davon ausgehen, dass der Zuhörer „schon weiß", was gemeint ist. Sie setzen die Begründung voraus, statt sie konkret zu benennen. Dabei liegt gerade hierin die Schwierigkeit der Argumentation. Es ist oft nicht leicht, dem Zuhörer den eigenen Gedankengang schlüssig zu vermitteln. Ein Kernargument, das den Zuhörer sowohl auf der rationalen als auch auf der intuitiven Ebene überzeugt, besteht daher auch nicht aus einem oder zwei Elementen, sondern es setzt sich aus insgesamt fünf logisch aufeinander aufbauenden Teilen zusammen.

Überzeugen Sie mit dem Fünf-Satz-Argument

Eingeleitet wird das Fünf-Satz-Argument durch eine richtungsweisende Aussage. Sie dient dazu, den Zuhörer auf den nachfolgenden Argumentationsstrang vorzubereiten, ohne dass er gleich mit einer Forderung konfrontiert wird.

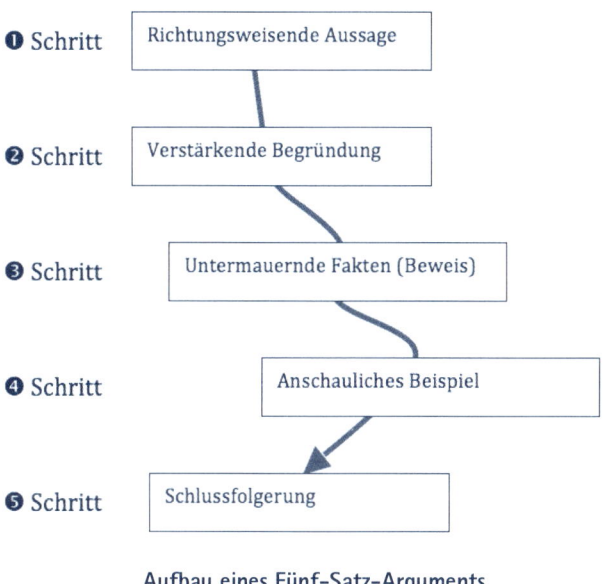

❶ Schritt   Richtungsweisende Aussage

❷ Schritt   Verstärkende Begründung

❸ Schritt   Untermauernde Fakten (Beweis)

❹ Schritt   Anschauliches Beispiel

❺ Schritt   Schlussfolgerung

Aufbau eines Fünf-Satz-Arguments

RICHTUNGSWEISENDE AUSSAGE

Eine konsequente Einhaltung der Lenk- und Pausenzeiten erhöht die Sicherheit im Kraftverkehr.

Mit diesem Satz werden die Zuhörer darauf vorbereitet, dass es um das Thema Sicherheit im Zusammenhang mit Pausenzeiten geht. Anschließend muss dieser Sachverhalt verstärkend begründet werden, ohne dass der Redner gleich in die Details geht. Sie können sich dabei vom Grundsatz her an der typischen Kinderfrage „Warum?" orientieren, die in der Regel einen Antwortsatz mit „Weil" nach sich zieht.

 VERSTÄRKENDE BEGRÜNDUNG

Dies lässt sich damit erklären, dass die Fahrer nach einer Ruhephase konzentrierter sind und somit weniger Fehler machen.

Um nun die Begründung, die für sich genommen wieder nur eine Aussage darstellt, zu unterfüttern und gleichzeitig die rational denkenden und faktenorientierten Zuhörer anzusprechen, muss der Beweis dafür geführt werden. Hierfür eignen sich Berechnungen, Paragrafen, Studien oder Statistiken. Wichtig ist, dass offensichtlich rational gestützt gearbeitet wird. Hier sind Circa-Angaben genauso fehl am Platz wie Beispiele, die sich zwar auf Erfahrungen gründen, aber nicht schwarz auf weiß belegen lassen.

Im Rahmen der Beweisführung bei einer Präsentation bietet es sich an, zumindest ein Flipchart (für spontane Berechnungen) oder PowerPoint mit der Möglichkeit, Diagramme und Tabelle übersichtlich darzustellen, zu nutzen. Das Medium unterstützt in diesem Fall die Glaubwürdigkeit.

 UNTERMAUERNDE FAKTEN (BEWEIS)

Eine Studie der NASA/FAA hat empirisch nachgewiesen, dass geplante Kurzschlafpausen von jeweils 40 Minuten (die zu realen 26 Minuten Schlaf führten) bei Flugzeugbesatzungen auf Langstreckenflügen für eine stark steigende Leistungsfähigkeit und Wachheit der Besatzung sorgten – im Vergleich zu Besatzungen, denen dieses Angebot nicht gemacht wurde.

Da Entscheidungen aber auch häufig intuitiv aus dem Bauch heraus getroffen werden, sollten Sie es nicht bei dem rationalen Beweis bewenden lassen, sondern an dieser Stelle auf jeden Fall die Kraft emotional anschaulicher Beispiele nutzen. Dabei setzen Sie darauf, dass der Zuhörer aus eigenem Erleben nachvollziehen kann, dass das, was Sie sagen, sinnvoll ist.

ANSCHAULICHES BEISPIEL

Vermutlich haben Sie es selbst schon einmal erlebt, als Sie mit dem Auto in der Nacht unterwegs waren. Irgendwann haben Sie festgestellt, dass Ihnen kurz die Augen zugefallen und Sie gerade noch rechtzeitig wach geworden sind, um Ihr Fahrzeug auf die Fahrbahn zurückzulenken. Kurz danach haben Sie eine Pause gemacht, ein paar Minuten geschlafen und sind dann erholt und ohne weitere Beinaheunfälle nach Hause gefahren.

Bitte beachten Sie beim Aufbau Ihrer Argumente, dass Sie sich auf einen Gedankengang konzentrieren, das heißt, in der Beweisführung nur einen Beleg für Ihre Begründung anführen und sich auf ein Beispiel beschränken. Wichtig ist darüber hinaus, dass Beweis und Beispiel deutlich voneinander unterschieden werden können. Die Verwendung von Zahlen im Beispiel ist daher tabu.

Die meisten Redner unterschätzen die Kraft, die in Beispielen steckt. Sie sind der Meinung, dass nur Zahlen eine entscheidende Rolle spielen, eventuell ist noch wichtig, wie jemand die Fakten vorträgt. Um Ihnen die große Bedeutung vor Augen zu führen, hier nun die Geschichte eines IT-Leiters aus einem Produktionsbetrieb in der Region Dresden.

Im Rahmen eines Seminars erzählte er davon, dass er verantwortlich für die Sicherheit der IT und der technischen Anlagen während des Jahreswechsels 1999/2000 war. Damals war befürchtet worden, dass es zu einem weltweiten Computerchaos kommen würde. Mehrfach hatte er versucht, von der Geschäftsführung ein Budget für vorbereitende Maßnahmen genehmig zu bekommen, er konnte sogar faktisch belegen, dass ein Risiko bestand – doch vergeblich. Jedes Mal hatte die Geschäftleitung mit dem Verweis auf die Wende 1989 in Deutschland und die Modernisierungen in den Jahren 1992 und 1993 abgelehnt, damals wäre die Technik ja schon erneuert worden. In einer der Sitzungen platzte dem IT-Leiter dann nach eigenen Angaben der Kragen und er fragte: „Und wie war es bei Ihnen? Nach der Wende haben Sie sich doch auch einen Videorekorder gekauft.

Haben Sie damals darüber nachgedacht, ob der auch im Jahr 2000 noch aufzeichnet?" Daraufhin wurde ihm sein Budget bewilligt.

Dieses Beispiel aus der Praxis zeigt, welchen Effekt es haben kann, wenn der Redner den Adressaten, hier der Geschäftsführung, unterstellt, dass ausschließlich auf Basis von Fakten entschieden wird. Tatsächlich aber spielt auch die intuitive Einsicht eine Rolle, wenn auch deren Aussagekraft vielleicht nicht immer gleich stark ausgeprägt ist wie die von Zahlen.

Nachdem Sie Ihre Argumente und Ihr Beispiel dargestellt haben, ist es an der Zeit, den Zuhörern zu sagen, welche Schlussfolgerung Sie aus der Argumentationskette ziehen und welche Forderung Sie an das Publikum stellen.

 SCHLUSSFOLGERUNG

Deswegen, meine Damen und Herren, reduzieren Sie das Risiko von Fahrfehlern und halten Sie sich strikt an die gesetzlich vorgeschriebenen Lenk- und Pausenzeiten. Versuchen Sie in den Pausen auf jeden Fall ein wenig zu schlafen.

Wenn Sie so vorgehen, wird es den Zuhörern wesentlich schwerer fallen, Ihrer Argumentation zu widersprechen, als wenn Sie die Forderung – wie es in der Praxis häufig geschieht – bereits im ersten Satz unterbringen. Denn dann suchen die Zuhörer bereits nach Gegenargumenten und folgen Ihrer Beweisführung gar nicht mehr richtig, während Sie noch inhaltlich argumentieren.

Der Logik kann sich keiner entziehen: Syllogismen

Eine typische Argumentationsform, die sich gut für Reden unterschiedlicher Art nutzen lässt, ist der Syllogismus in Form einer Deduktion. Dabei werden mehrere Aussagen so zusammengefügt, dass aus einer primären Prämisse und einer sekundären Prämisse ein Schluss gezogen werden kann, der sachlich korrekt ist. Hier wird vom Allgemeinen ausgegangen, das auf einen Einzelfall übertragen wird. Daraus ergibt sich dann die Schlussfolgerung. Wesentlich bei der deduktiven Argumentation ist, dass sich die Logik aus sich selbst heraus ergibt. Allerdings braucht es ein wenig Aufmerksamkeit, um hierbei keine Fehler zu machen.

DEDUKTION: MEIN HUND SOKRATES

Alle Mensche sind sterblich (universelle Prämisse). Sokrates ist ein Mensch (singuläre Prämisse). Also ist Sokrates sterblich (Schlussfolgerung).

Die Deduktion ist nicht richtig aufgebaut, wenn nicht die universelle Prämisse, sondern bereits die Konsequenz in der singulären Prämisse aufgegriffen wird: Alle Hunde sind sterblich. Sokrates ist sterblich. Also ist Sokrates ein Hund.

Die Umkehrung der Deduktion ist die Induktion. Hier wird von mehreren Einzelfällen auf das Gesamte geschlossen.

INDUKTION: AUSSTERBENDE GRIECHEN

Platon war ein Mensch, Epikur war ein Mensch und Aristoteles war ein Mensch (Fälle). Platon ist gestorben, Epikur ist gestorben, Aristoteles ist gestorben (Resultate). Also sind alle Menschen sterblich (Regel).

Wichtig bei der Induktion ist, dass die Auswahl und die Anzahl der Einzelfälle den Schluss auf die Regel überhaupt zulassen. In der Praxis erliegen viele Redner der Versuchung, die eigenen Argumente unauffällig ein wenig aufzuwerten. Statistiken werden als induktiver Beweis herangezogen, obwohl sie weder in Bezug auf die Auswahl noch auf den Umfang den Kriterien für eine Induktion entsprechen. „Traue keiner Statistik, die Du nicht selber gefälscht hast!", dieser Satz spiegelt wider, wie häufig ein solcher Missbrauch auftritt.

Schmücken Sie Ihren Vortrag

In der klassischen Redevorbereitung folgt nach der Entwicklung der Struktur die Ausschmückung mit gestalterischen Mitteln wie den klassischen rhetorischen Figuren. Diese spielen auch heute noch eine große Rolle, obwohl viele Redner sie eher unbewusst einsetzen. In diesen Bereich fällt auch die gezielte Ansprache der unterschiedlichen Sinne beim Zuhörer, indem ganz bewusst Wörter eingesetzt werden, die den verschiedenen Wahrnehmungskanälen zugeordnet sind. Und ich gehe genauer auf die Möglichkeiten von PowerPoint ein, da ohne dieses Programm heutzutage kaum jemand auskommt, der mit Business-Vorträgen zu tun hat.

Aufgrund der Erwartung der Zuhörer sollten Sie selbst dann Präsentationsfolien gestalten, wenn Sie einen Vortrag für sich als weniger wichtig gewertet haben. Hingegen können Sie auf rhetorische Stilmittel und sinnliche Sprache verzichten, wenn Sie einem Vortrag einen Wert unter vier zugewiesen haben. Bei wichtigeren Vorträgen lenken Sie Ihr Augenmerk zunächst einmal auf die rhetorischen Stilmittel und bei ganz hoch bewerteten nehmen Sie die Ansprache der verschiedenen Sinne hinzu.

Rhetorische Stilmittel betonen Ihre Aussagen

Wenn ich in Seminaren mit den Teilnehmern daran arbeite, wie sich rhetorische Stilmittel einsetzen lassen, herrscht fast immer erst einmal eine gewisse Skepsis. Denn die meisten Teilnehmer haben nie bewusst erlebt, dass sich ganz sachliche Aspekte einer Rede durch rhetorische Stilmittel hervorheben lassen und sie ihrer Rede mehr Überzeugungskraft verleihen. Auch ist den meisten nicht bewusst, dass der Einsatz rhetorischer Stilmittel nahezu automatisch dazu führt, dass ein Redner beginnt, deutlicher zu betonen, also sprachliche Akzente zu setzen. Dies wiederum liegt daran, dass sich viele der typischen Figuren der Rhetorik gar nicht unbetont aussprechen lassen. Damit Sie diese Möglichkeiten kennenlernen können, habe ich für Sie eine Auswahl aus der Vielzahl rhetorischer Stilmittel zusammengestellt und ihnen typische Anwendungsfelder in der täglichen Praxis zugeordnet.

Klangfiguren

Um Klangfiguren entstehen zu lassen, ist es erforderlich, die Aufmerksamkeit auf die akustische Gestaltung eines Wortes oder eines Satzes zu richten. Sie erfahren auch, welche Wirkung jeweils damit verbunden ist.

KLANGFIGUREN	
Stilmittel/Anwendung	Beispiel
Assonanz: Die Assonanz beruht auf dem Gleichklang zwischen mindestens zwei Wörtern eines Satzes und ist häufig nur auf den gleichen Klang zweier Vokale bezogen.	Die **Notwendigkeit**, die Veränderungen herbeizuführen, entspricht der **Dringlichkeit** Veränderungen zu denken.
Setzen Sie die Assonanz dann ein, wenn es darum geht herauszuarbeiten, dass einzelne Begrifflichkeiten in einem gedanklichen Zusammenhang stehen.	
Alliteration: Bei der Alliteration sind die Anlaute mehrerer aufeinanderfolgender Wörter identisch.	Werbung wirkt!
Ideal eignet sich die Alliteration für die prägnante Formulierung von Kernaussagen am Ende einzelner Gliederungsabschnitte.	
Reim	Der Widerstand des **Handels**, zeigt die Notwendigkeit des **Wandels**.
Ziehen Sie den Reim insbesondere dann in Erwägung, wenn Sie Kernaussagen formulieren, die sich dauerhaft einprägen sollen. Nicht umsonst wurde und wird er in der Werbung verwendet. Ich bin sicher, Sie erinnern sich noch an den Slogan: „Raider heißt jetzt TWIX, sonst ändert sich nix."	
Interiectio: Einwürfe, die in der Umgangssprache gang und gäbe sind.	**Ach,** was soll ich dazu noch sagen.
Sie können diese Figur für typische umgangssprachliche Sequenzen benutzen, die Sie beispielsweise benötigen, wenn Sie eine Geschichte in Ihrer Rede erzählen. Vor allem aber lassen sich mit ihr sehr gut Emotionen vermitteln und bei den Zuhörern erzeugen. So ist auch ein gezieltes „Scheiße" durchaus einmal erlaubt.	

Wortfiguren

Der bewusste Einsatz von Wortfiguren beeinflusst einerseits den Sinn des Gesagten, andererseits wird die Bedeutung einzelner Wörter und Wortfolgen hervorgehoben.

  WORTFIGUREN

Stilmittel/Anwendung	Beispiel
Anapher: Wiederholung ein und desselben Satzanfangs in mindestens zwei, besser drei aufeinanderfolgenden Sätzen.	**Ich wünsche mir** Ehrlichkeit, **ich wünsche mir** Offenheit und **ich wünsche mir** Vertrauen zwischen Mitarbeitern, Kollegen und Vorgesetzten.
Setzen Sie diese rhetorische Figur dann ein, wenn es Ihnen darum geht, einem Anliegen Dringlichkeit zu verleihen oder in einer Summary den wesentlichen Punkten Ihrer Rede nochmals nachhaltig Gehör zu verschaffen.	
Epipher: Wiederholung ein und desselben Satzendes in mindestens zwei, besser drei aufeinanderfolgenden Sätzen.	Damit wir nicht übernommen werden, **brauchen wir die neuen Produkte.** Um uns finanzielle Spielräume zu sichern, **brauchen wir die neuen Produkte.** Und für die Sicherheit unserer Arbeitsplätze **brauchen wir die neuen Produkte** – und zwar jetzt, nicht erst in einem halben Jahr!
Da die Betonungen bei der Epipher jeweils auf dem Satzende liegen, empfehle ich Ihnen diese Figur für die Formulierung von Appellen.	
Akkumulation: Hier werden mehrere Synonyme oder die Anhäufung von Unterbegriffen für einen Oberbegriff an die Stelle des einen alles umfassenden Wortes gesetzt.	Der **Pförtner,** die **Mitarbeiter in der Produktion** und **aus der Verwaltung, tarifliche** und **außertarifliche,** alle sind wir von den durch die Übernahme ausgelösten Veränderungen betroffen und unsere **Vorstände** mussten bereits die Koffer packen.

Setzen Sie die Akkumulation dann ein, wenn Sie einen an sich neutralen Oberbegriff, wie hier zum Beispiel „Unternehmen", greifbarer machen wollen. Durch die Anhäufung von Personen und Funktionen wird aus dem abstrakten Unternehmen eine konkrete Schicksalsgemeinschaft aus vielen Menschen. Damit erreichen Sie eine wesentlich stärkere Emotionalisierung als durch den abstrakten Begriff allein.

Klimax: Die Klimax stellt eine Steigerung dar, bei der der Redner sich in aller Regel in drei Schritten vom unbedeutendsten/niedrigsten zum bedeutendsten/höchsten Inhalt vorarbeitet.	Nicht **fünf Prozent,** nicht **zehn Prozent**, sondern **15 Prozent** Umsatzsteigerung sind es, die wir trotz der Krise im ersten Quartal realisieren konnten.

Die Klimax können Sie einsetzen, um die Spannung in Ihrer Rede zu steigern und dabei den dritten Begriff in seiner Bedeutung noch zu überhöhen. Wie im Beispiel dargestellt, wird die Klimax – ebenso wie die folgende Antiklimax – häufig dazu verwendet, um bestimmte Zahlen in einem Vortrag besonders stark herauszuarbeiten.

Antiklimax: Die Antiklimax ist das Gegenteil der Klimax. Der Redner bewegt sich vom bedeutendsten zum unbedeutendsten Aspekt.	**Vorstände, Abteilungsleiter** und **Mitarbeiter**, sie alle sind verantwortlich für die Misere, in der sich unser Unternehmen am heutigen Tag befindet.

Diese Figur gibt Ihnen eine zusätzliche Möglichkeit, die gleichen Effekte wie mit der Klimax zu erzielen. Dadurch aber, dass Sie am Ende beim Unbedeutendsten landen, eignet sich die Figur sehr gut dazu, betont Sachverhalte und Wertigkeiten herunterzuspielen.

Redditio	**Ausdauer** brauchen wir meine Herren, **Ausdauer**!

Ebenso wie die nachfolgende Geminatio eignet sich die Redditio dazu, einzelne Aspekte im Vortrag hervorzuheben. Wichtig ist dabei, dass Sie in jedem Fall die Betonung auf das letzte Wort legen. Nur dann kann die Figur ihre volle Wirkung entfalten.

Geminatio: Bei der Geminatio werden unmittelbar aufeinanderfolgende einzelne Wörter oder Begrifflichkeiten wiederholt und so verstärkt.	**172.000 Euro – 172.000 Euro,** meine Herren, das ist der Betrag, den Sie durch den Verlust unseres Kunden xy in diesem Jahr in den Sand gesetzt haben.
Wird sie gezielt eingesetzt, können Sie mit dieser Redefigur vor allem Zahlen ausgesprochen gut und wirkungsvoll herausarbeiten. Das gilt insbesondere dann, wenn Sie Ihren Vortrag nicht mit PowerPoint oder einem Flipchart unterstützen.	

Satzfiguren/Bildfiguren

Ihre Wirkung erzielen Satzfiguren unter anderem dadurch, dass der Satzbau einem bestimmten Muster unterworfen wird, der sich von gewöhnlichen Sätzen deutlich unterscheidet. Außerdem zählen auch kunstvoll gestaltete Sprachbilder zu dieser Kategorie.

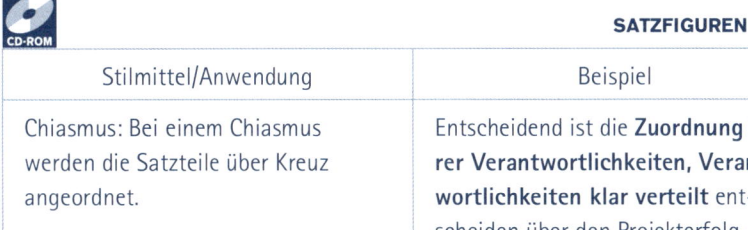

SATZFIGUREN

Stilmittel/Anwendung	Beispiel
Chiasmus: Bei einem Chiasmus werden die Satzteile über Kreuz angeordnet.	Entscheidend ist die **Zuordnung klarer Verantwortlichkeiten, Verantwortlichkeiten klar verteilt** entscheiden über den Projekterfolg.
Sie sorgen mit dem Chiasmus dafür, dass die zwei zentralen Aussagen in der Mitte des Satzes durch die ungewöhnliche Konstruktion der Überkreuzstellung betont werden. Diese Figur empfehle ich Ihnen, wenn Sie sprachlich sicher sind und im Detail bei den Inhalten Ihrer Rede Akzente setzen möchten.	
Inversion: Bei der Inversion werden einzelne Satzglieder gegen den normalen Sprachgebrauch umgestellt. Normal wäre in diesem Fall: Ihre Leistungen müssen besser werden.	Besser müssen sie werden, Ihre Leistungen.

Bei dieser Satzkonstruktion werden Ihre Zuhörer aufhorchen, da sie nicht dem üblichen Muster entspricht. Die Figur ist geeignet, um einen kleinen unauffälligen Akzent zu setzen, den die Zuhörer mehr unbewusst als bewusst wahrnehmen.

Parallelismus: Beim Parallelismus werden zwei Satzteile oder zwei aufeinanderfolgende Sätze absolut identisch konstruiert.	Bedrohlich ist die steigende Zahl der Verkehrstoten, unaussprechlich ist die verringerte Hilfsbereitschaft der Vorbeifahrenden.

Eine solche Parallelität im Satzbau entsteht im Umgangssprachlichen relativ selten. Deshalb setzen Sie damit – ähnlich wie bei den beiden vorangegangenen Figuren – einen Akzent, der die Zuhörer stolpern und damit aufmerksam werden lässt.

Metapher: Ein Sachverhalt wird durch eine ausschmückende Darstellung verdeutlicht.	Schrödingers Katze

Metaphern eignen sich in nahezu jeder Rede als Redeschmuck. Schrödingers Katze, die für den Einfluss des Beobachters auf ein Messergebnis steht, ist ein gutes Beispiel dafür, dass selbst die Wissenschaft vor Metaphern nicht haltmacht, um ihre Erkenntnisse zu verdeutlichen. Trainieren Sie daher unbedingt den Einsatz von Metaphern, um Ihren Reden Glanz zu verleihen.

Allegorie: In der Allegorie baut der Redner eine zentrale Metapher zu einer ganzen Geschichte aus.	Das, was wir im Augenblick an ständigen Neuerungen und Veränderungen erleben, entspricht dem, was ein **Kind täglich** erlebt. An jeder **Ecke entdeckt es Neues**; schöne und unschöne Dinge. Und **jede Entdeckung hilft dem Kind dabei, sich zu entwickeln,** neue Fertigkeiten und Fähigkeiten zu erwerben. Ich wünsche mir für das, was vor uns liegt, dass Sie **Kinder der Veränderung** werden und sich neugierig auf die Dinge zubewegen, die es zu entdecken gibt.

Allegorien bieten sich in einer Rede an, um beispielsweise die emotional-anschaulichen Beispiele auszuschmücken. Dabei ist es sinnvoll, wenn Sie von einer zentralen Metapher – wie hier den Kindern der Veränderung – ausgehen, und dann den Rest der ausschmückenden Geschichte drum herum bauen.

Rhetorische Frage: Dabei handelt es sich um eine Frage, die sich selbst beantwortet beziehungsweise deren Antwort so naheliegend ist, dass es keiner Reaktion des Publikums bedarf.	Meine Damen und Herren, ich frage Sie: Ist es nicht bedrückend, dass unsere Regierung Tag für Tag neue Schulden anhäuft?

Rhetorische Fragen sind sehr beliebt und werden häufig anstelle echter Argumentation suggestiv eingesetzt. Doch davon sollten Sie Abstand nehmen. Zuhörer kennen die Technik der rhetorischen Frage und werten dieses Stilmittel häufig als sogenanntes Totschlagargument. Sparsam im Vortrag eingesetzt, können Sie diese Art der Fragestellung aber durchaus als Höhepunkt nutzen, um bei Ihren Zuhörern neue Aufmerksamkeit für die folgenden Redepassagen zu wecken.

Alle Satzfiguren müssen sehr sorgfältig überlegt und ausgeführt sein, damit sie ihre volle Wirkung erzielen. Daher lassen sie sich, im Gegensatz zu den Wortfiguren, kaum spontan in Reden einbauen, sondern müssen geplant und geübt werden. Nur so stellen Sie sicher, dass sie Ihre Rede unterstützen und nicht stören.

SO KONSTURIEREN SIE EINE METAPHER

Metaphern zu konstruieren ist nicht schwer. Dabei werden immer zwei Dinge, die scheinbar nichts miteinander zu tun haben, zueinander in Beziehung gesetzt. Die Vordenker der Rhetorik in der Antike wählten ein einfaches Prinzip, um eine Metapher zu entwickeln, das folgendermaßen funktioniert: Dinge werden neu miteinander kombiniert und die unterschiedlichen Bedeutungen, die den einzelnen Bildern oder Begrifflichkeiten innewohnen, aufeinander übertragen. Wichtig ist dabei, dass die Übertragungsrichtung durch den Redner eindeutig festgelegt und die Metapher so ausgewählt wird, dass im Nachhinein keine Umdeutung stattfinden kann.

Beseeltes (Lebendiges) wurde mit Beseeltem kombiniert.

Beispiel: Liebes... (beseelt) ...hungrig (beseelt) stürzte er sich auf sie.

Metapher: liebeshungrig

Unbeseeltes wurde mit Unbeseeltem kombiniert.

Beispiel: Die Preis... (unbeseelt) ...schere (unbeseelt) klafft immer weiter auf.

Metapher: Preisschere

Beseeltes wurde mit Unbeseeltem kombiniert.

Beispiel: Ihm fällt ein Stein (unbeseelt) vom Herzen (beseelt).

Metapher: Stein vom Herzen fallen

Sinnfiguren

Die letzte noch nicht angesprochen Kategorie rhetorischer Figuren stellen die Sinnfiguren dar. Zielrichtung dieser Stilmittel ist es, den ursprünglichen Sinn einer Botschaft zu verändern und dadurch wiederum eine andere Wahrnehmung beim Publikum zu erreichen.

SINNFIGUREN

Stilmittel/Anwendung	Beispiel
Ironie: Die Übertreibung einer Aussage, um das Gegenteil auszudrücken.	**Du** bist mir **ein echter** Kumpel.
Durch die passende Betonung und die körpersprachliche Unterstützung erhält dieser Satz einen ironischen Unterton. Allerdings müssen Sie Ironie in der Rede besonders deutlich herausarbeiten, damit das Gesagte von den Zuhörern nicht für bare Münze genommen wird. Ich empfehle Ihnen deshalb, die Ironie nur selten als Redeschmuck und ausschließlich vor Publikum einzusetzen, das Sie sehr gut kennt.	

| Antithese: Bei der Antithese wird ein Gegensatz in einander gegenübergestellten Wörtern oder Wortgruppen ausgedrückt. | Was unser Geschäftsführer **heute verspricht, widerruft** unser Vorstand spätestens **morgen**. |

Den Einsatz dieser Figur empfehle ich dann, wenn Sie einen offensichtlichen Widerspruch zwischen Vision und Realität, Versprechen und Einlösung herausarbeiten wollen. Sie bringen damit die ganze Spannung einer Situation in einem Satz auf den Punkt.

| Correctio: Scheinbar korrigiert der Redner mittels der Correctio das, was er zuvor gesagt hat. | Die Umwandlung unseres Unternehmens von der GmbH in eine Aktiengesellschaft ist ein **notwendiger – was sage ich, der entscheidende Schritt** auf dem Weg in eine erfolgreiche Zukunft. |

Die Correctio können Sie in der Rede spontan oder geplant einsetzen. Bei der geplanten Korrektur einer zuvor getroffenen Aussage richten Sie die Aufmerksamkeit der Zuhörer exakt auf den Aspekt, den Sie verbessern. Diesen Effekt erzielen Sie auch bei spontaner Anwendung. Das ist beispielsweise dann sinnvoll, wenn Ihnen – wie so vielen Rednern – ständig Konjunktive und Unsicherheitsformulierungen entschlüpfen und Ihnen dies direkt beim Vortragen auffällt. Beispiel: „Ich hoffe, nein, ich bin überzeugt …" oder „Ich könnte mir vorstellen, nein, ich bin mir sicher …".

| Permissio: scheinbare Erlaubnis, die zu einer bestimmten Handlung gegeben wird; gemeint ist allerdings das Gegenteil. | Kollegen, **setzt Eure Ideen nur so um**, geht in Streik, Ihr werdet schon sehen, was Euch dann erwartet. |

Ähnlich wie bei der Ironie handelt es sich hier um ein Stilmittel, das Sie nur deutlich übertrieben einsetzen sollten, damit klar wird, dass Sie das Gegenteil dessen meinen, was Sie gerade sagen. Geeignet ist diese Redefigur hauptsächlich als letztes Mittel, um die Zuhörer nochmals aufzurütteln und von einer falschen Entscheidung abzuhalten. Beachten Sie: Wer diese Figur anwendet, gerät häufig in den Verdacht, beleidigt zu sein.

Sermocinatio: Fiktives Zitat, das zum Beispiel einem Zuhörer in den Mund gelegt wird.	Herr Müller, an dieser Stelle höre ich Sie schon sagen: „Aber das hatten wir doch alles schon einmal!"

Nutzen Sie diese Figur immer dann, wenn Sie in einer Redesituation mit sicherem Widerspruch rechnen müssen. Indem Sie den Einwand vorwegnehmen und gleich darauf reagieren, behalten Sie in jedem Fall das Heft des Handelns in der Hand. Allerdings sollten Sie auch darauf achten, dass Sie keine Einwände etablieren, die von der Gegenseite nicht angesprochen worden wären.

Unabhängig vom gewählten Stilmittel, sollten Sie darauf achten, dass Sie einerseits in Ihrer Rede eine einzelne Figur nicht überstrapazieren und andererseits bei der Auswahl der Stilmittel auf edlen Schmuck setzen. Verzichten Sie darauf, massig Strass zu verwenden, denn nur dann wird Ihre Rede überzeugend und nicht billig wirken.

Sprechen Sie die Sinne an

Jeder Mensch nimmt seine Umwelt auf eine ganz eigene Art wahr. Der eine sammelt visuelle Eindrücke und speichert Bilderinnerungen ab, der andere sammelt Geräusche und erinnert sich an Worte und Töne. Diese Unterschiede führen dazu, dass auch auf unterschiedliche Weise über die Eindrücke gesprochen wird. Daraus ergibt sich, dass zwei Menschen über das Gleiche sprechen, teilweise jedoch so verschieden formulieren, dass sie sich nicht verstehen. Sie senden und empfangen auf unterschiedlichen Kommunikationskanälen, die da wären:

- Der visuelle Kanal

- Der auditive Kanal

- Der kinästhetische Kanal

- Der olfaktorische Kanal

- Der gustatorische Kanal

Ein exzellenter Redner ist in der Lage, seine Informationen wechselweise in alle diese fünf Kanäle einzuspeisen und dadurch die unterschiedlichen Zuhörertypen gleichermaßen für seinen Vortrag zu begeistern. Über die gezielte Ansprache der jeweiligen Kanäle steuert er gleichzeitig die Aufmerksamkeit, die ihm seine Zuhörer zu einem bestimmten Zeitpunkt der Rede entgegenbringen.

Sie können die Ansprache der Kanäle zum einen über die Auswahl der Medien steuern. Zum Beispiel erreichen Sie den visuellen Typ leichter, wenn Sie Folien oder Flipcharts verwenden, weil er dann etwas zu sehen bekommt. Der kinästhetische Typ freut sich über Dinge, die er anfassen kann, zum Beispiel Stoffmuster, und wenn sie Geruchs- oder Geschmacksproben verteilen, etwa bei einer Gustation, freuen sich die olfaktorisch beziehungsweise gustatorisch geprägten Menschen. Nur der auditive Typ fühlt sich per se durch die Rede selbst besonders angesprochen, bedient sie doch seinen Kanal.

Zum anderen können Sie die unterschiedlichen Kommunikationstypen mit der Auswahl des richtigen Vokabulars ansprechen, vor allem dann, wenn Sie ganz auf externe Medien verzichten. Das bedeutet, dass Sie jeweils die Saite beim Zuhörer zum Klingen bringen müssen, die in seinem System am stärksten ausgeprägt ist.

Die richtige Ansprache für den visuellen Typ

Sie sprechen den visuellen Typ dadurch an, dass Sie Worte wählen, mit denen Sie bildhaft einen Sachverhalt darstellen.

LASSEN SIE VOR DEN AUGEN IHRER ZUHÖRER BILDER ENTSTEHEN

... Meine Damen und Herren, ich habe genug von dieser **Schwarzmalerei**, von den unsinnigen Bildern, die diejenigen an die Wand malen, die schon lange den **Überblick** verloren haben. Machen Sie sich bitte **klar**, dass nur die gewählte **Perspektive** darüber entscheidet, ob der **Blick** in die Zukunft ein **goldenes** oder ein **getrübtes** Bild **erscheinen** lässt ...

Die in diesem Beispiel aufgeführten Formulierungen haben gemeinsam, dass sie den Sehsinn ansprechen. Trübungen können Sie sehen, aber nicht schmecken, riechen, anfassen oder hören. In dieser Passage sorgt der Redner also bewusst dafür, dass bei den Zuhörern, insbesondere beim visuellen Typ, Bilder im Kopf entstehen. Um das zu erreichen, ist es allerdings auch notwendig, nicht nur eine einzelne „visuelle Vokabel" einfließen zu lassen, sondern durch eine gewisse Anhäufung dafür zu sorgen, dass sozusagen ein Angriff auf den Sehsinn stattfindet, der auch tatsächlich zu den Zuhörern durchdringt. Das Gesagte wird dann automatisch stärker ausgeschmückt, womit Sie Ihre Rede genauso aufwerten, wie mit den zuvor beschriebenen Stilmitteln.

In der folgenden Tabelle habe ich Ihnen einige Beispiele für visuelle Redewendungen und Vokabeln zusammengestellt, die Sie nach und nach für sich ergänzen können. Damit erreichen Sie, dass Sie Ihre Wortgewandtheit erhöhen.

VISUELLE SPRACHE

Redewendungen	Vokabeln
Entscheidend ist der Blickwinkel.	rot, grün, … (alle Farben)
Was Sie sagen, leuchtet mir absolut ein.	beobachten
Da blickt doch keiner mehr durch.	deutlich
Lass mal sehen!	unscharf
Anhand dieser Vorlage kann man deutlich erkennen …	Fokus
Da ziehen dunkle Wolken auf.	Gedankenblitz, Erleuchtung
Wir schreiben rote Zahlen.	offensichtlich, sichtbar

Die richtige Ansprache für den auditiven Typ

Will ein Redner auch seine auditiven Zuhörer erreichen, muss er bei seiner Wortwahl darauf achten, dass er den Hörsinn anspricht.

LASSEN SIE DIE OHREN DER ZUHÖRER KLINGEN

... Meine Damen und Herren, ich kann es nicht mehr **hören**, dieses **Wehklagen** und **laute Jammern**, von denjenigen, die die Situation gar nicht beurteilen können. Ich **höre** aus den meisten **Diskussionen** nur heraus, dass es lediglich rhetorische Figuren sind, die **wohlklingend ausgesprochen** den Eindruck erwecken, dass entweder alles mit einem **Knall** zerstört wird oder wir bald wieder den **Triumphmarsch erschallen** lassen können, weil sich alles zum Positiven gewendet hat ...

Dieses Beispiel verdeutlicht, dass sich eine inhaltlich nahezu identische Rede völlig anders anhört, wenn das zuvor visuelle Vokabular – zum Beispiel die Schwarzmalerei – durch auditives Vokabular ersetzt wird – hier das Wehklagen. Auch hier habe ich Ihnen wieder einige Beispiele von passenden Redewendungen und Vokabeln zusammengestellt.

AUDITIVE SPRACHE

Redewendungen	Vokabeln
Entscheidend ist doch, wie etwas formuliert wird.	schrill
Was Sie sagen, klingt für mich korrekt.	Singsang
Lass mal hören!	murmeln
Anhand dieser Vorlage kann man gut kommunizieren ...	tönen
Denen muss man mal ordentlich den Takt schlagen.	quietschen
Da ist doch überhaupt kein Rhythmus drin.	Stille
Das klingt gut.	Harmonie

Typisch für einen auditiv geprägten Redner ist, dass neben seiner Wortwahl sein Sprechrhythmus und sein Takt einem ganz präzisen Muster folgen.

Die richtige Ansprache für den kinästhetischen Typ

Wenn der kinästhetische Typ angesprochen werden soll, muss der Tastsinn durch die Wortwahl angeregt werden.

 ANREGUNGEN FÜR DEN TASTSINN DER ZUHÖRER

... Meine Damen und Herren, mir **stellen sich die Nackenhaare** auf, wenn diejenigen, die die Komplexität der Situation nicht **erfasst** haben, jede Gelegenheit **ergreifen** die negativen Aspekte **hervorzuheben**. Entscheidend ist doch, wie etwas **angepackt** wird. Davon hängt es ab, ob wir **schwer** an der Zukunft zu tragen haben werden oder **leicht** und beschwingt in die Zukunft gehen ...

Statt vom Tastsinn spricht man heute in der Forschung meist von der haptischen (aktiven) oder taktilen (passiven) Wahrnehmung, die vom sensomotorischen beziehungsweise somatosensorischen System gesteuert wird. Damit wird deutlich, warum neben Begriffen wie „begreifen" oder „packen" auch „eiskalt" oder „kribbeln" in das Vokabular eines Kinästheten passen. Hier folgt nun wieder eine Liste mit einigen Beispielen.

 KINÄSTHETISCHE SPRACHE

Redewendungen	Vokabeln
Ich spüre in Ihrem Verhalten ...	Druck
Begreifen Sie doch endlich!	handhaben
Dabei läuft es mir eiskalt den Rücken runter.	empfinden
Dabei habe ich ein blödes Gefühl.	frisch
Das erfasst doch keiner mehr.	warm
Dieser Vorlage kann man gut entnehmen ...	kraftvoll
Schieß mal los!	spüren

DIE DREI WICHTIGSTEN KOMMUNIKATIONSKANÄLE

In der Praxis hat sich herausgestellt, dass die drei Typen visuell, auditiv und kinästhetisch am weitesten verbreitet sind. Für Sie als Redner reicht es daher aus, wenn Sie sich im Wesentlichen auf diese drei Systeme konzentrieren. Sprachliche Höhepunkte erzielen Sie jedoch insbesondere mit Vokabeln und Formulierungen, die den Geschmacks- und den Geruchssinn ansprechen.

Die richtige Ansprache für den olfaktorischen und den gustatorischen Typ

Ein besonders direkter Zugang zu Ihren Zuhörern eröffnet sich, wenn Sie bewusst den olfaktorischen und den gustatorischen Kanal ansprechen, also den Geruchs- und den Geschmackssinn. Diese beiden Kanäle sind zwar sprachlich nicht ganz so stark repräsentiert wie die zuvor dargestellten, jedoch sind die Eindrücke, die mit diesen Sinnen verbunden sind, besonders intensiv. Das liegt daran, dass sich Geschmäcker und Gerüche besonders tief in den Erinnerungen einnisten. Das heißt, dass mit den meisten Erinnerungen, die Sie im Kopf visuell, auditiv oder kinästhetisch abgespeichert haben, gleichzeitig eine olfaktorische oder gustatorische Assoziation verknüpft ist. Insbesondere gilt das für Ereignisse, die für die betreffende Person von besonderer und prägender Bedeutung waren.

LASSEN SIE DIE ZUHÖRER RIECHEN UND SCHMECKEN

... Meine Damen und Herren, es stößt mir **sauer** auf, wenn hier immer von **bitteren** Pillen die Rede ist, die wir schlucken müssten, vorgetragen von Personen deren Kompetenz durchaus bezweifelt werden darf. Denn es ist nur eine Frage des Standpunkts und der Argumente, ob Frittierfett **stinkt** oder ob uns der **Geruch** in Erwartung der frischen Pommes frites bereits das Wasser im Munde zusammenlaufen lässt ...

Die verwendeten Begriffe „stinkt" und „Geruch" sind hier dem olfaktorischen Kanal zuzuordnen, die beiden anderen dem gustatorischen Kanal.

OLFAKTORISCHE UND GUSTATORISCHE SPRACHE

Redewendungen	Vokabeln
gustatorisch	
Entscheidend ist doch, wie das den Leuten schmecken wird.	Würze
Was Sie vorschlagen, versüßt uns die Umsetzung.	Nachgeschmack
Ob sie diese bittere Pille wohl schlucken?	salzig
olkfaktorisch	
Das riecht nach Ärger.	Ausdünstung
Das stinkt mir!	verschnupft
Ich kann den einfach nicht riechen.	Aroma

PowerPoint-Folien als Redeschmuck

Auch wenn viele Zuhörer stöhnen, wenn Sie wieder eine PowerPoint-Präsentation zu sehen bekommen, ist die Erwartungshaltung bei den meisten dennoch da, dass die wesentlichen Elemente über dieses Medium dargestellt werden. Aus diesem Grund werde ich ergänzend zum sprachlichen Redeschmuck auf den folgenden Seiten die wesentlichen Grundzüge einer angemessenen PowerPoint-Präsentation darlegen. Diesen sollten Sie immer dann folgen, wenn Sie Ihren Vortrag entsprechend hoch, das bedeutet mit einem Wert über vier, gewichtet haben. Ist der Vortrag weniger wichtig für Sie, ignorieren Sie getrost die folgenden Ratschläge und verwenden Sie die Folien, die Ihnen vorliegen. Halten Sie sich dann aber auch nicht mit dem Einfügen von Animationen und anderem Schnickschnack auf, sondern verfahren Sie nach dem Motto: Hauptsache eine Folie gezeigt. Es reicht, wenn Sie die Folientitel an Ihren roten Faden anpassen.

Bleiben Sie im Rahmen der Corporate Identity (CI)

Die meisten Unternehmen verfügen über eine Corporate Identitiy, die auch für PowerPoint-Folien zu verwenden ist. Darin sind bereits die grundlegenden Elemente wie Platzierung des Logos, Schriftarten und -größen sowie Farben festgelegt. Daher gehe ich hier auf die Gestaltung dieser Elemente nicht näher ein, sondern empfehle Ihnen, wenn diese Dinge für Sie wichtig sind, mein Buch „Mitreißend präsentieren mit PowerPoint" (Erlangen 2008). Im Normalfall aber sollten Sie mit den durch die CI festgelegten Vorgaben arbeiten, auch wenn sie nicht immer optimal zur späteren Präsentationssituation passt, denn Sie sparen damit Zeit.

Das liegt vor allem daran, dass im betrieblichen Alltag häufig identische Folien, mit denen grundsätzliche Zusammenhänge erläutert werden, in unterschiedliche Vorträge eingebunden werden. Haben Sie nun solche Folien erstellt, können Sie sie problemlos vom einen Foliensatz in den nächsten kopieren. Dabei ergeben sich keine Verschiebungen, wenn Sie in beiden Foliensätzen mit dem gleichen Folienmaster arbeiten, also immer die gleichen Elemente mit den gleichen Einstellungen als Hintergrund für die Folie benutzen. Haben Sie jedoch an einer Folie manuell herumgebastelt und Sie kopieren diese dann, müsse Sie anschließend nacharbeiten. Dabei werden Sie einerseits Zeit investieren müssen und andererseits Kopierfehler übersehen, die Ihnen erst in der Live-Situation auffallen, wenn sie nicht mehr korrigieren können.

SO GEHEN SIE MIT EINER UNVORTEILHAFTEN CI UM

Typische Fehler von CIs sind grundsätzlich zu kleine Schriften und dunkle Hintergründe mit heller Schrift, die bei starkem Lichteinfall im Präsentationsraum nur schwer zu lesen sind. Mit diesen Fehlern gehen Sie so um: Bleiben Sie bei Ihren Texten auf den Folien auf der ersten Gliederungsebene, vermeiden Sie also Einrückungen und Gliederungspunkte. Dann können Sie den größten vorgegebenen Font auswählen, der verfügbar ist, auch bei schlechten Präsentationsvorlagen ist das in der Regel eine 18-Punkt-Schrift. Legen Sie hier besonderen Wert auf optimale Folientitel, denn die erscheinen meist in 24 Punkt, sodass Sie mit diesen beiden Schriftgrößen optimal gestalten können.

> Dem Problem mit dem Kontrast bei dunklen Hintergründen und heller Schrift begegnen Sie bei Ihrem Vortrag, indem Sie den Raum abdunkeln oder – und das ist weit besser für das Publikum – indem Sie dafür sorgen, dass Sie mit einem Beamer präsentieren können, der über einen hohen ANSI-Lumen-Wert verfügt.

Neben der Corporate Identity bestehen häufig Regeln für Präsentationen, die vom Management stammen. So kommt es durchaus vor, dass Vorstände vorgeben, dass alle Folien, die ihnen präsentiert werden, nach dem gleichen Muster aufgebaut sind, damit sie die wesentlichen Informationen schnell identifizieren können. Sind Sie in einer solchen Situation, dann ist der einfache Weg der, sich exakt an die Vorgaben zu halten. Haben Sie einer Präsentation einen Wert zwischen vier und sieben zugewiesen, ist es für Ihre persönliche Überzeugungskraft wichtig, einen guten freien Vortrag vorzubereiten, um sich von dem Folien-Einheitsbrei abzuheben. Sorgen Sie dafür, dass Ihre Präsentation hörbar und spürbar etwas Besonderes wird. Das erreichen Sie nur über die Art und Weise, wie Sie vortragen.

Die Herausforderung unter solchen Bedingungen besteht darin, die Vorgaben des Managements zu berücksichtigen und dennoch im Rahmen der CI eine individuelle Präsentation zusammenzustellen, mit der Sie Ihren sorgfältig vorbereiteten Vortrag optimal unterstützen. Sie fallen damit sicher auf und bekommen deutlich mehr Aufmerksamkeit als die Redner, die auf die Standardvorträge zurückgreifen. Allerdings überraschen Sie Ihre Zuhörer auch, was je nach Stimmung positive oder negative Wirkung haben kann. Sie müssen sich intensiv vorbereiten, daher bietet sich ein solches Vorgehen nur dann an, wenn Sie einen Redeanlass mit einem Wert über sieben gewichtet haben.

Um Ihre Zuhörer nicht komplett zu irritieren, sollten Sie auf jeden Fall das Handout exakt so gestalten, wie die Vorgaben des Managements es vorsehen. Damit haben die Zuhörer nach dem Vortrag die Möglichkeit, sich in gewohnter Weise zu orientieren. Oft müssen Vorträge, die vor dem Top-Management gehalten werden, schon im Vorfeld eingereicht werden. Zeigen Sie auch hier mit der Einhaltung der Vorgaben, dass Sie in gewohnter Weise gearbeitet haben. Wenn Sie das tun, wird eine freier gehaltene Präsentation mit Folien, die auf den Vortrag abgestimmt sind, eher akzeptiert und positiv betrachtet, als wenn Sie komplett in allen Bereichen mit der gewünschten und erwarteten Form brechen.

Stellen Sie Visuelles in den Vordergrund

PowerPoint ist per se ein visuelles Gestaltungstool. Das bedeutet, dass Sie es vorrangig dafür einsetzen sollten, Ihre Botschaften visuell zu unterstützen, und nicht, um längere gesprochene Textpassagen zu ersetzen. Umgangssprachlich heißt es: „Ein Bild sagt mehr als tausend Worte." Konzentrieren Sie sich also bei der Nutzung von PowerPoint darauf, Bilder, Grafiken und Charts an die Wand zu werfen, deren Inhalte sich – ohne buchstäblich vor Augen geführt zu werden – nur schwer darstellen lassen. Vermeiden Sie es, überflüssigen Text auf die Folien zu bringen, und betonen Sie visualisierbare Details.

Achten Sie aber immer darauf, dass sich die Zahl der gezeigten Folien in einem angemessenen Verhältnis zu Redezeit und Redeinhalten bewegt. Der Vortrag soll schließlich nicht in eine Diashow ausarten, sondern Sie wollen mithilfe der Folien die wichtigen Aspekte Ihres Vortrags visuell herausarbeiten.

PLANEN SIE DIE REDEZEITEN PRO FOLIE

Planen Sie im Durchschnitt pro gezeigte Folie zwei bis drei Minuten Redezeit ein. Ist auf einer Folie jedoch zum Beispiel ein kompliziertes Flussdiagramm dargestellt, dann können die Erläuterungen auch leicht einmal fünf bis acht Minuten dauern. Zeigen Sie nur ein Foto, das Sie als Wake-up-Point nutzen wollen, reichen auch 20 Sekunden aus.

Achten Sie bei der Gestaltung der Folien darauf, dass Sie Bilder und Grafiken möglichst vollflächig einsetzen. Die meisten Präsentationen enthalten Darstellungen, die den zur Verfügung stehenden Platz nicht vollständig ausfüllen und daher zu klein oder gar unübersichtlich wirken. Auch begegnen mir häufig Folien, auf denen mehrere kleine Fotos platziert sind. Hier könnte eine deutlich bessere Wirkung erzielt werden, wenn die Fotos auf einzelnen Folien und vollflächig dargestellt werden.

Achten Sie auch bei Beschriftungen, zum Beispiel für die Achsen von Dia-
grammen, darauf, dass Sie die Schriftgröße ausreichend groß wählen. Hier
ist die Schriftgröße von 18 Punkt, wie auf der gesamten Folie, die Unter-
grenze, wenn Sie Wert darauf legen, dass der Text gut lesbar ist. An dieser
Stelle sollten Sie auch stets die automatischen Einstellungen überprüfen,
denn oft wird beispielsweise bei der Übertragung von Excel-Diagrammen in
PowerPoint ein Font in der Größe 16 Punkt oder kleiner mit übernommen.

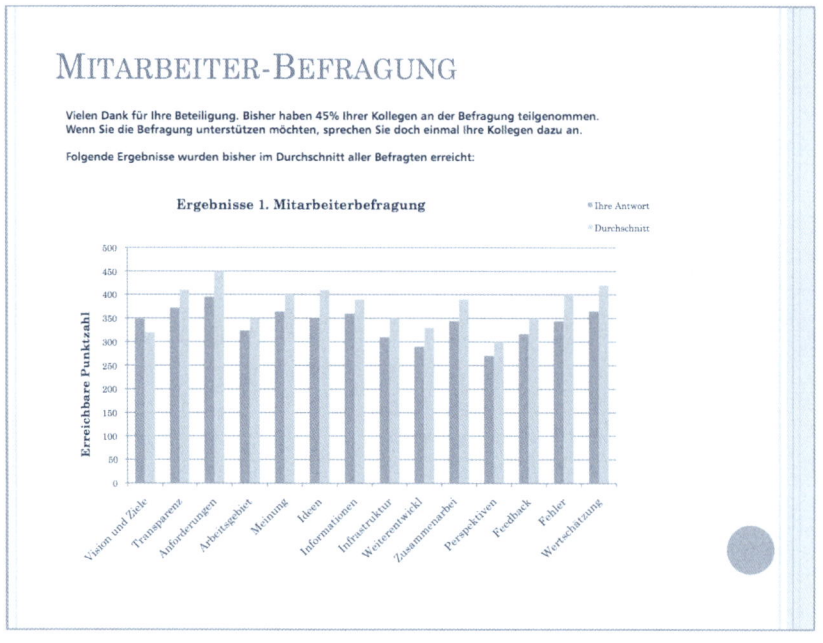

So bitte nicht:
Folie mit zu kleiner Beschriftung, zu viel Text und nicht genutzter Fläche

Entscheiden Sie in Bezug auf die Texte, die Sie eventuell zusätzlich auf
der Folie unterbringen wollen, ob sie tatsächlich notwendig sind. So ist
auf der hier abgebildeten Folie der Text, der sich direkt an die Mitarbeiter
richtet, völlig überflüssig. Dank, der den Mitarbeitern gegenüber ausgesprochen werden soll, stellt von der Form her eine eindeutige Beziehungs-
botschaft dar. Daher ist er im Vortrag verbal an die Mitarbeiter zu richten,
eine textliche Unterstützung auf der Folie ist nicht erforderlich. Stattdes-

sen könnten in dem Beispiel das Diagramm größer aufgezogen und die Fonts vergrößert werden.

Reduzieren Sie den Textanteil Ihrer Folien

Die Folien stellen nur die i-Tüpfelchen in Ihrem Vortrag dar, mit ihnen setzen Sie gezielt Akzente. Keinesfalls darf es sich hier um Lesevorlagen handeln. Denn lesen können Ihre Zuhörer stets schneller, als Sie sprechen. Sie nehmen deshalb mit einer Lesevorlage jede Spannung aus Ihrem Vortrag. Für die Verwendung von Text auf Folien ergeben sich daher die folgenden Grundregeln:

- Verwenden Sie keine ausformulierten Sätze, sondern konzentrieren Sie sich auf die wesentlichen Stichwörter.

- Beschränken Sie sich auf maximal sieben Aufzählungspunkte pro Folie, da mehr Text kaum behalten werden kann.

- Bringen Sie zusammengehörige Inhalte auch visuell zusammen, denn damit wird die Erinnerung unterstützt.

- Verzichten Sie auf mehrfache Einrückungen, also auf Hauptpunkte mit Unterpunkten. Auch sie sind im Nachhinein kaum reproduzierbar, da die verschachtelte Struktur die Aufnahmefähigkeit des Gehirns in der Vortragssituation überfordert.

- Gehen Sie sparsam mit Unterstreichungen, Fettdruck und Kursivsetzung um. Stets sollte pro Folie nur ein Punkt zusätzlich zum wichtigsten hervorgehoben werden, damit er mehr Aufmerksamkeit bekommt. Optimal wirken Hervorhebungen, wenn Sie Farben einsetzen.

Auch wenn die Regeln den meisten Zuhörern sofort einleuchten, den Präsentierenden fällt es in der Regel doch schwer, die Texte auf ihren Folien zu reduzieren. Ein Grund dafür ist die Unsicherheit des Redners, der mit den komplett ausformulierten Folien versucht, sich selbst ein Gerüst zu bauen, an dem er sich durch den Vortrag hangeln kann. Ein anderer Grund besteht darin, dass die Unterlagen hinterher dem Zuhörerkreis zur

Verfügung gestellt werden sollen, sodass es in jedem Fall auf Vollständigkeit ankommt. Geht es um den ersten Grund, kann sich der Redner durch die Verwendung der Notizenseiten und des Referentenmodus (siehe Seite 103f.) in PowerPoint leicht behelfen. Soll die Präsentation auch als Dokumentation eingesetzt werden, besteht grundsätzlich die Möglichkeit, bei der Folienerstellung ebenfalls die Notizenseiten zu nutzen. Sie können sie mit zusätzlichen Informationen füllen und ausgedruckt mitliefern.

Wenn es Ihnen darum geht, dass Ihre Zuhörer die von Ihnen vermittelten Inhalte tatsächlich behalten, sollten Sie sich klar machen, dass sich Inhalte die die Zuhörer selbst aufschreiben, in der Regel besser einprägen. Daher erhöhen Sie von vornherein mit reduzierten Folien und der Ankündigung, dass die Zuhörer diese als Ausdruck erhalten werden, die Aufmerksamkeit für Ihren Vortrag. Sie werden beobachten, dass die Zuhörer anfangen, sich Notizen zu machen, sobald sie erkannt haben, dass nicht jede Information, die Sie verbal geben, auf den Folien ausformuliert ist. Hingegen lässt sich bei Vorträgen, bei denen die Zuhörer sicher sind, alle Informationen hinterher schwarz auf weiß zu bekommen, feststellen, dass die Aufmerksamkeit schnell nachlässt.

Wenn Sie gezielt wenige Textinformationen auf Ihre Folien bringen, tragen Sie also stark dazu bei, dass die Zuhörer Ihren Inhalten die notwendige Aufmerksamkeit zukommen lassen. Zudem wird der Wert der Präsentation höher eingeschätzt.

Stimmen Sie die Folien auf Ihre Argumente ab

Generell stellen sich viele Redner die Frage, welche Inhalte auf den Folien abgebildet werden sollten. Die Antwort liefert einerseits die Redestruktur und andererseits der Argumentationsaufbau. Im Rahmen der Redestrukturen sind folgende Redeabschnitte typische Kandidaten für Visualisierungen:

- Der interesseweckende Einstieg: Hierbei wird meistens eine Folie mit Bild gezeigt.

- Die Gliederung: Meist ist das eine Folie mit Aufzählungspunkten.

- Die Wake-up-Points: In der Regel handelt es sich um Bildfolien, um schwarze Folien, die eine sichtbare Unterbrechung der Rede schaffen, oder in konservativen und durch wenig Spannung geprägten Vorträgen um zwischengeschobene Gliederungsfolien, die die Zuhörer auf den kommenden Redeabschnitt vorbereiten.

■ Die Summary: Folie, auf der in Aufzählungsform die wesentlichen Aspekte des Vortrags nochmals dargestellt werden.

■ Der Bogen zum Anfang: Hier wird bildlich ein Bezug zum Motiv vom Beginn hergestellt und gegebenenfalls ein Fazit eingeblendet.

Die übrigen Inhalte für Folien ergeben sich in der Regel aus der Argumentation. Das bedeutet, dass Sie dort, wo es darum geht, eine rationale Beweisführung durchzuführen, auf jeden Fall Folien mit beweisendem Charakter zeigen sollten. Hier eignen sich unter anderem:

■ Diagramme

■ Auszüge aus Statistiken mit Quellenangaben

■ Zitate aus Gesetzestexten oder Urteilen

■ Auswertungen, Messungen, Berechnungen (eingefügte Excel-Objekte)

Entscheidend ist, dass die gewählte Art der Visualisierung Ihre Argumentation faktisch und sichtbar belegt. Dabei ist es für Sie wichtig zu unterscheiden, ob Sie und die Zuhörer sich mit den jeweiligen Details beschäftigen müssen. Dann heißt es, die Folien mithilfe der vorab beschriebenen Grundsätze zur Lesbarkeit optimal aufzubereiten. Dazu gehört beispielsweise die beschriebene Anpassung der Schriftgrößen oder die Hervorhebung einzelner Werte oder Balken durch den gezielten Einsatz von Farbe.

Wenn es Ihnen lediglich darum geht zu zeigen, dass Sie Detailarbeit im Hintergrund erledigt haben, können Sie auch einmal eine nicht extra neu formatierte Excel-Tabelle einbinden, die für die Zuhörer kaum lesbar ist. Deren Wert besteht hauptsächlich darin zu zeigen, dass Sie gründlich gearbeitet haben, die Details spielen keine so große Rolle. Die letztgenannte Variante werden Sie auch dann wählen, wenn Sie den Vortrag mit einem

Wert niedriger als vier gewichtet haben, denn so sparen Sie Zeit, die Sie sonst für die detaillierte Aufbereitung aufbringen müssten.

 MANCHMAL IST DAS FLIPCHART BESSER

Nicht immer ist im faktischen Teil der Argumentation PowerPoint die richtige Wahl. Wenn Sie beispielsweise den Zuhörern einen Fakt über einen längeren Zeitraum hinweg zeigen wollen, hilft es, diesen auf einem Flipchart zu entwickeln. Rechnen Sie beispielsweise die auf einer gezielten Marketingmaßnahme basierende Ertragssituation in einer Niederlassung vor, dann kann die so „bewiesene" Summe sichtbar bis zum Ende des Vortrags stehen bleiben. Damit haben Sie, wenn Sie auch bei den anderen Niederlassungen dafür plädieren, diese Maßnahme umzusetzen, immer noch die visuelle Unterstützung durch den ausgeführten Beweis.

Ihre Argumentation für die Rede liefert noch einen weiteren Hinweis in Hinblick auf den Einsatz von Folien. Immer dann, wenn Sie ein anschauliches Beispiel entwickeln, ist es sinnvoll, auf Folien entweder ganz zu verzichten oder Bilder zu verwenden. So könnte eine Folienabfolge aufbauend auf ein Argument zur Verbesserung der Ladungssicherung wie folgt aussehen: Zunächst werden die Fakten in Form eines Balkendiagramms geliefert. 6,6 Prozent der Lkw-Unfälle passieren wegen mangelnder Ladungssicherung. Dieser Grund könnte im Vergleich zu den anderen Faktoren als zu geringfügig eingestuft werden. Daher wird im emotionalen Teil des Beispiels ein Foto gezeigt, das deutlich macht, welche Folgen sich durch derartige Unfälle ergeben können. Zunächst wird also der Verstand, dann das Bauchgefühl angesprochen.

Da diese Zweiteilung essentiell für eine überzeugende Argumentation ist, sollte sie auch bei der Gestaltung der Folien berücksichtigt werden. Allerdings kann es manchmal noch wirkungsvoller sein, wenn keine Bildfolie gezeigt wird, sondern stattdessen eine starke visuelle Schilderung des Referenten erfolgt. Denn dann entstehen die individuellen Bilder im Kopf der Zuhörer, die sie sicherlich schneller überzeugen werden als ein noch so spektakuläres Foto.

VERMEIDEN SIE REDUNDANTE FOLIEN

Ein häufiger Fehler in Präsentationen besteht darin, dass die Redner den Beweis für ihr Argument mehrfach und damit redundant durch eine ganze Folienabfolge hindurch anführen. So wird oft ein und derselbe Sachverhalt zunächst mit einem Balkendiagramm, dann mit einem Liniendiagramm „bewiesen". Da beide Diagramme eine identische Aussage liefern, gewinnt der Redner nichts, sondern gerät während der Präsentation vielleicht sogar aus dem Rhythmus. Und dann geht die Aufmerksamkeit der Teilnehmer verloren. Vermeiden Sie solche Redundanzen. Packen Sie Folien, auf die Sie nicht verzichten wollen, die aber einen schon geführten Beweis lediglich in anderer grafischer Form wiederholen, einfach ins Backup. Dann können Sie bei Bedarf darauf zurückgreifen.

Am häufigsten taucht dieser Redundanzfehler übrigens bei Präsentationen auf, die schnell einmal aus bestehenden Foliensätzen zusammengestellt wurden. Da die Folien schon vorhanden sind und der Redner vielleicht mit der einen oder anderen Folie in einem früheren Vortrag gute Erfahrungen gemacht hat, kopiert er sie einfach in seinen neuen Foliensatz hinein. Allerdings ohne sich über den Aussage- und damit den Nutzwert im Zusammenspiel mit den anderen Folien Gedanken zu machen.

Sorgen Sie dafür, dass die Gliederung stets nachvollziehbar ist

Je länger Vorträge mit oder ohne Folieneinsatz dauern, desto stärker lässt die Aufmerksamkeit nach. Dann ist es umso wichtiger, dass die Teilnehmer das noch vor ihnen liegende Programm überblicken können. Sorgen Sie daher unbedingt dafür, dass sie eine Gliederung an die Hand bekommen, mit der sie mitverfolgen können, an welchem Punkt sie gerade stehen. Dazu bieten sich mehrere Möglichkeiten an.

Permanent sichtbare Gliederungen

1 Sie händigen den Teilnehmern eine Agenda aus. Mit ihr kann jeder Teilnehmer unabhängig von den anderen den Verlauf Ihres Vortrags verfolgen.

2 Sie schreiben die Gliederung vorab auf ein Flipchart. Damit ist sie für alle Teilnehmer ständig präsent. Da das Flipchart ein ruhendes Medium ist, kann es zusätzlich zur PowerPoint-Präsentation eingesetzt werden. Wollen Sie allerdings das Flipchart bei anderer Gelegenheit während des Vortrags nutzen, sollten Sie unbedingt darauf achten, dass ein zweites zur Verfügung steht. Ich rate Ihnen, dann der Raumaufteilung besonderes Augenmerk zu schenken, da die Nutzung von zwei Flipcharts und PowerPoint technisch nicht einfach ist.

3 Sie führen die Gliederung die ganze Zeit aktiv auf den Folien mit, sodass Ihre Zuhörer jederzeit erkennen können, was noch vor und was bereits hinter ihnen liegt. Diese scheinbar elegante Lösung ist allerdings die technisch aufwendigste, denn es gibt in PowerPoint keine Funktion, die es ermöglicht, automatisch eine Gliederung zu erzeugen. Im Alltag lohnt sich der Einsatz für Sie deshalb vermutlich nur, wenn der Vortrag für Sie eine extrem hohe Priorität hat und Sie ihn aus diesem Grund mit einem Wert von acht oder höher gewichtet haben. In den anderen Fällen sind sicherlich die Varianten mit Ausdruck oder Flipchart angemessen.

Temporär sichtbare Gliederung

Auch bei dieser Darstellung der Gliederung können Sie auf eine aufwendige und auf eine „Quick-and-dirty"-Variante zurückgreifen.

1 Die schnelle Variante sieht so aus, dass Sie einmal eine Gliederungsfolie erzeugen, diese kopieren und sie dann jedes Mal, wenn ein neues Kapitel beginnt, unverändert einfügen. Während des Vortrags weisen Sie dann lediglich darauf hin, dass Sie nun zu einem weiteren Punkt der Gliederung übergehen.

2 Die aufwendigere Variante besteht darin, dass Sie die Gliederung wie gerade beschrieben kopieren und einfügen, dann aber den jeweils aktuellen Gliederungspunkt mithilfe einer anderen Textfarbe hervorheben oder mit einem hellen Farbbalken hinterlegen.

Beide Varianten lassen sich schnell realisieren. Da die Gliederung jedoch immer nur vor den einzelnen Redekapiteln zu sehen ist, erreichen Sie damit bei weitem nicht die Wirkung, die Sie mit einer permanent sichtbaren Gliederung erzielen können.

Machen Sie Schluss mit der Zeitverschwendung

Um das Kapitel zur Gestaltung von Präsentationen abzuschließen, folgen nun noch ein paar Sätze zu den beliebten Gestaltungseffekten, die mit jeder neuen PowerPoint-Version zahlreicher und die auch bei den Vergleichen in Computermagazinen zwischen typischen Präsentationsprogrammen immer wieder erwähnt werden.

Die meisten dieser Effekte führen in typischen Businesspräsentationen nur dazu, dass der Redner bei der Vorbereitung extrem viel Zeit aufwenden muss, ohne dass ein großer Nutzen entstehen würde. Insofern sollten Sie sich mit diesen Möglichkeiten nicht unnötig belasten. Bedenken Sie auch Folgendes: Gerade Animationseffekte setzen in der Präsentationssituation voraus, dass der Redner wesentlich häufiger mit der Maus klicken und für eine optimale Wirkung das Timing dieser Klicks sicher im Griff haben muss. Aus diesen Gründen berücksichtigen Sie am besten die folgenden Gestaltungsrichtlinien:

- Setzen Sie nur einen Folien-Übergangseffekt pro Präsentation ein.

- Verwenden Sie Animationen nur dann, wenn Sie ein Flussdiagramm oder eine Prozessdarstellung Schritt für Schritt visualisieren wollen. Prüfen Sie aber zuerst, ob eine Darstellung am Flipchart nicht leichter zu realisieren ist und eine bessere Wirkung erzielt.

- Beschränken Sie sich beim Einsatz von Animationen auf solche, die der logischen Richtung der visuellen Darstellung folgen. Zum Beispiel ist es meist sinnvoller, dass sich Pfeile von links nach rechts bewegen, als dass sie in einer Spirale quer über die Folien fliegen.

- Prüfen Sie bei jeder Folie kritisch, ob es nicht genauso sinnvoll wäre, sie mit einem Klick komplett zu zeigen. Bei 90 Prozent aller typischen Businesspräsentationen ist das meiner Erfahrung nach möglich.

■ Verabschieden Sie sich von besonders modischen Diagrammformen oder Darstellungen, wenn ein Inhalt das nicht absolut erfordert. Konzentrieren Sie sich auf die Kernbotschaften und entscheiden Sie *vorab*, welche Diagrammform die Botschaft am Besten visualisiert. Bleiben Sie dann dabei und verschwenden Sie keine Zeit damit, die anderen möglichen Formen auszuprobieren.

Je stärker Sie Ihre Präsentationen auf das Wesentliche konzentrieren und je enger Sie sich an die Vorgaben aus der CI halten, umso mehr Zeit werden Sie zur Ausarbeitung der Inhalte finden und umso weniger Zeit werden Sie insgesamt mit Nebensächlichkeiten verschwenden. Dazu folgt nun eine Geschichte aus dem Alltag.

 HERR WAGNER UND DAS FLOWCHART

Herr Wagner hat sich zum Ziel gesetzt, dass seine Präsentation vor der Abteilungsleiterrunde besonders gut werden soll. Besonders viel Mühe hat er sich dabei gegeben, den Entscheidungsbaum der Abfragelogik seines Programms in einem Flowchart zu visualisieren. Um die Nichttechniker im Publikum nicht zu überfordern, hat er das Chart animiert und will es in der Präsentation Schritt für Schritt entwickeln. Alleine für die Animationen investiert er eine gute Stunde Arbeitszeit, da deren Reihenfolge im ersten Anlauf nicht dem tatsächlichen Flow folgte.

Am Tag vor der Präsentation will Herr Wagner noch schnell die letzten aktuellsten Neuerungen einarbeiten. Dazu muss er das animierte Chart nochmals überarbeiten. Dadurch gerät allerdings die Animation wieder durcheinander, was ihm in der Hektik des Tages aber nur zum Teil auffällt. Er investiert insgesamt noch einmal 30 Minuten.

Die Präsentation selbst läuft gut, bis er zum Flowchart kommt. Als er es anklickt, fällt ihm plötzlich auf, dass ein Punkt, der erst ganz zum Schluss hätte eingeblendet werden sollen, bereits von Anfang an auf der Folie steht. Da ihm der Fehler auffällt, entschuldigt er sich beim Publikum. Daraufhin reißt der Kontakt zu den Zuhörern nach und nach immer mehr ab, da sich Herr Wagner seinem Chart zuwendet, nach hinten spricht und permanent damit beschäftigt ist zu prüfen, ob noch weitere Fehler auftauchen – was dann tatsächlich passiert.

Am Ende sind die Zuhörer durch das Chart völlig verwirrt, und es gelingt Herrn Wagner nur mühsam durch eine zusätzliche Zeichnung am Flipchart, wieder einigermaßen Klarheit herzustellen. Sein Ziel, es den Zuhörern leichter zu machen, hat er in dieser Phase der Präsentation nicht erreicht. Sein Fazit lautet deshalb, dass er sich zukünftig die Zeit sparen wird, die er in die Ausarbeitung dieses einzelnen Charts gesteckt hat.

Zeigen Sie Ihre Kompetenz am Flipchart

Auch wenn in den vorangegangenen Ausführungen das Flipchart als Medium nur eine untergeordnete Rolle gespielt hat, sollten Sie es dennoch bewusst in Ihre Vorüberlegungen einbeziehen. Dafür spricht, dass Sie wesentlich schneller eine Visualisierung am Flipchart entwerfen und direkt umsetzen können als mit PowerPoint. Damit ist das Flipchart – richtig eingesetzt – geeigneter, um Ihre fachliche Kompetenz zu zeigen. Das erklärt sich dadurch, dass PowerPoint es auch einem weniger kompetenten Redner erlaubt, eine ordentliche Rede zu halten, kann er doch im Notfall einfach ablesen. Wer hingegen am Flipchart ein Diagramm entwickelt oder eine Berechnung durchführt, tut dies live vor den Augen des Publikums und zeigt damit, dass er die vorgestellte Materie tatsächlich beherrscht.

Hinzu kommt, dass das, was auf dem Flipchart dargestellt wird, in der Regel nicht im Handout auftaucht und daher von den Teilnehmern nicht mitgenommen werden kann. Sie lösen damit also zusätzlich den Impuls aus, dass sich die Zuhörer diese Punkte notieren, was, wie bereits dargestellt, dafür sorgt, dass sich die Inhalte besser einprägen.

Sie als Redner kommen damit in jedem Fall deutlich besser bei Ihrem Publikum an, als wenn Sie PowerPoint benutzen, wenn – und das ist die Grundbedingung – die Gruppengröße den Einsatz des Flipcharts zulässt. Das Medium Flipchart ist nur für kleine Runden bis etwa 15 Teilnehmer geeignet. Sind mehr Zuhörer anwesend, wird die Distanz zum Medium zu groß und die visuelle Unterstützung wirkt nicht mehr. Insofern finden sich Flipcharts sehr häufig in Teambesprechungen oder bei Workshops, wenn es darum geht, Dinge zu erarbeiten oder erarbeitete Ergebnisse zu präsentieren.

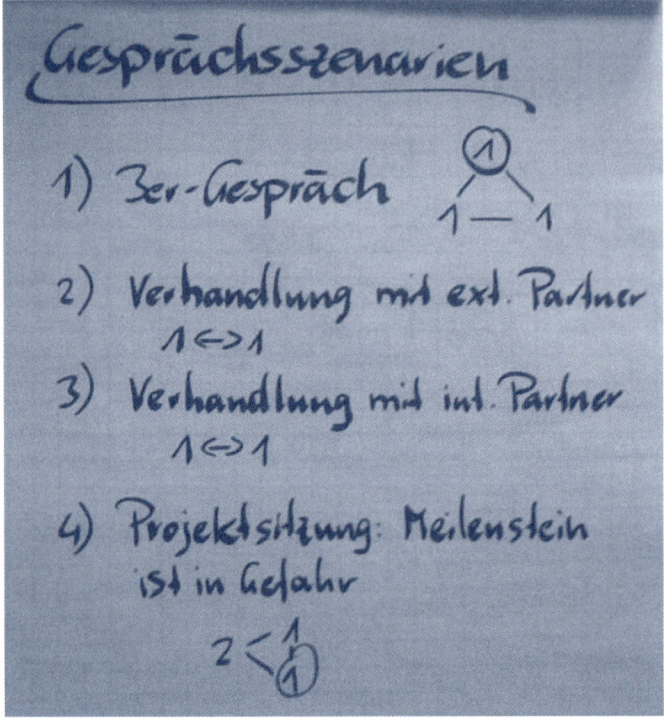

Beispiel für einen Anschrieb ans Flipchart

Unbedingt sollten Sie Ihren Auftritt am Flipchart auch ein wenig vorbereiten. So lautet die erste Regel, um peinliche Auftritte zu vermeiden: Verwenden Sie eigene Stifte, wenn Sie etwas auf das Flipchart schreiben. Nur
so können Sie sicher sein, dass die von Ihnen gewählten Stiftfarben zur
Verfügung stehen und die Stifte auch schreiben.

Zudem ist es sinnvoll, dass Sie trainieren, an einem Flipchart zu schreiben,
sodass Ihre Schrift gut lesbar ist. Hier hilft es, wenn Sie anstelle der üblichen
Flipchart-Stifte mit runder Spitze Stifte mit Keilspitze einsetzen. Den Stift
platzieren Sie dann so, dass die Spitze Richtung acht Uhr zeigt. Schreiben
Sie dann schwungvoll von oben nach unten. So sieht das Schriftbild ordent-
lich aus und das Geschriebene ist auch auf Entfernung gut lesbar – selbst
dann, wenn Ihre Handschrift von Haus aus nicht die schönste ist.

Was die Farben angeht, sollten Sie sich bei einem typischen Anschrieb auf Schwarz, Blau, Grün und Rot beschränken, wobei Schwarz und Blau typischerweise für normalen Text oder Skizzen verwendet werden. Grün und Rot eignen sich für Hervorhebungen, zum Beispiel werden rote Pfeile von fast jedem als Warnhinweis verstanden.

Ansonsten gelten für die Anschriebe die gleichen Kriterien wie für PowerPoint-Folien. Reduzieren Sie Textinformationen auf das Notwendige und legen Sie den Fokus auf die Entwicklung von Grafiken. Gerade am Flipchart lassen sich Grafiken sehr schön nach und nach aufbauen, sodass Sie Effekte erzielen, die Sie mit PowerPoint nur erreichen können, wenn Sie einen deutlich höheren Aufwand betreiben.

PROFIS GESTALTEN IHRE FLIPCHARTS MIT MEHR AUFWAND

Wenn Sie als echter Profi am Flipchart gelten wollen, sollten Sie der Gestaltung Ihrer Anschriebe deutlich mehr Aufmerksamkeit schenken. So empfiehlt es sich, dass Sie Grafiken vorab entwickeln und je nach Art und Umfang teilweise bereits auf dem Flipchart vorbereiten, sodass Sie während des Vortrags nur noch einzelne Elemente ergänzen müssen. Auch ist der Gebrauch von weiteren Farben empfehlenswert. Profis setzen häufig Wachskreiden ein, um optimal gestalten zu können.

Der Aufwand, den Sie dann betreiben, fällt in die höchste Kategorie und steht dem für die Vorbereitung einer optimalen PowerPoint-Präsentation in nichts nach. Zur Vertiefung dieser Thematik empfehle ich Ihnen das Buch „Flipchart Art" von Elke Meyer und Stefanie Widmann (Erlangen 2005).

Denken Sie an alle wichtigen Inhalte

Jeder Redner steht vor der Herausforderung, in seiner Präsentation die wichtigen Inhalte vollständig und in der richtigen Reihenfolge vorzutragen. Umso mehr schätzen viele Redner die Möglichkeiten von Power-Point, es als eine Art Spickzettel zu benutzen, der Ihnen Struktur und Inhalt direkt vor Augen führt. Leider schreiben viele Redner deswegen auch viel zu viel auf die Folien und setzen damit das Medium mehr für sich als zur Vermittlung der eigenen Botschaften beim Publikum ein. Vergessen wird oft, dass auch PowerPoint den Redner nicht davon freistellt zu wissen, welche Folie als Nächstes kommt oder ob bei einer animierten Aufzählungsliste noch ein dritter oder vierter Punkt folgt. Die Konsequenz daraus: Der Redner muss, um seinen Vortrag souverän halten zu können, mit oder ohne PowerPoint ein tragfähiges Notizenkonzept vorbereiten.

Top für den freien Vortrag: Karteikarten

Für einen freien Vortrag ohne PowerPoint und ohne Rednerpult ist das Mittel der Wahl immer noch die Karteikarte. Sie ist klein genug, um sie in einer Hand zu halten. Auch wenn Sie mit der Karte in der Hand einmal gestikulieren, fällt sie bei weitem nicht so auf wie ein DIN-A4-Blatt. Und schließlich ist die Karte stabil genug, um Ihren möglicherweise durch Nervosität bedingten Versuchen, sie zu falten, zu widerstehen. Allerdings bietet eine Karteikarte nicht viel Platz für Text, daher sollten Sie die folgenden Regeln bei der Gestaltung beherzigen:

- Verwenden Sie pro Redeabschnitt nur eine Karteikarte.

- Beschreiben Sie die Karteikarten nur einseitig, damit Sie nicht durch Drehen und Wenden den Überblick darüber verlieren, welche Karte momentan aktuell ist.

- Nummerieren Sie die Karten durch.

- Verwenden Sie eine große, gut lesbare Schrift (18 Punkt) und einen vergrößerten Zeilenabstand (zweizeilig), damit die Lesbarkeit auch unter Stress gewährleistet bleibt. Berücksichtigen Sie hier auch möglicherweise vorhandene Sehschwächen.

- Schreiben Sie auf die Karteikarten nur die wesentlichen Stichwörter und Zahlen, verzichten Sie auf ausformulierte Sätze. Ausnahmen:

  □ Formulieren Sie den Einstiegssatz aus, damit Sie gut in die Rede einsteigen können.

  □ Formulieren Sie die Kernaussagen zu jedem Redeabschnitt aus, um diese prägnant vortragen zu können.

  □ Formulieren Sie Ihren Schlussappell aus, damit Sie in der Aufregung diesen wichtigen Satz nicht umformulieren und eventuell seine Wirkung abschwächen.

- Tragen Sie Regieanweisungen, beispielsweise wenn Sie direkt vor das Publikum treten wollen, als grafische Symbole ein. Das mit Inhalten beschäftige Gehirn kann sie leichter wahrnehmen, als wenn Sie hierzu ganze Sätze formulieren.

Wenn Sie sich dann noch darauf konzentrieren, zwischen den einzelnen Redeabschnitten kurze Pausen einzulegen, auf die dann aktuelle Karte zu blicken und sie in aller Ruhe zu lesen, können Sie sicher sein, dass Sie den roten Faden durchgängig halten.

 NUTZEN SIE EINE KARTEIKARTE ALS STOPPSIGNAL

Sollten Sie zu den Schnellrednern gehören, denen es schwerfällt, in die Rede auch einmal eine Pause einzuflechten, rate ich Ihnen dazu, nach jedem Redeabschnitt eine rote Karte einzuschieben. Sie ist durch Ihre Farbe so auffällig, dass Sie sie jederzeit wahrnehmen werden, auch wenn Sie unter Stress stehen. Damit können Sie sich selbst ein Stoppsignal senden, das Ihnen hilft, während Ihrer Rede wirkungsvolle Pausen einzulegen.

Nutzen Sie die Vorteile der Referentenansicht in PowerPoint

Kaum ein Feature von PowerPoint ist so unbekannt wie die Referentenansicht. Dabei könnte diese Funktion die Präsentierenden sehr entlasten, wenn alle damit verbundenen Möglichkeiten sowohl während der Vorbereitung als auch während des Vortrags richtig genutzt würden.

Ist die Referentenansicht erst einmal eingerichtet, sieht der Redner auf seinem Notebook sowohl die derzeit aktuelle als auch die vorangegangene und die folgende Folie. Er kann sich also gut auf die Übergänge zwischen den Folien einstellen. Zudem kann er seine eigenen Notizen in vergrößerter Schriftgröße darstellen lassen. Hier handelt es sich um Einträge, die der Redner während der Erstellung der Folien eingegeben hat. Sie sind für das Publikum nicht sichtbar, er kann aber jederzeit darauf zurückgreifen.

Den Zuhörern kann der Vortragende so sicher einen Mehrwert liefern, da er die zusätzlichen Informationen immer im Blick hat. Das wirkt sich natürlich auch positiv auf seine eigene Ausstrahlung aus. Außerdem kann der Redner auf der mitlaufenden Uhr in dieser Ansicht unauffällig kontrollieren, wie lange er bereits spricht – und gewinnt auf diese Weise die Zeitsouveränität.

Woran liegt es, dass trotz der vielen Vorteile die wenigsten Redner dieses Feature nutzen? Meiner Ansicht nach hängt das damit zusammen, dass in der Präsentationssituation bestimmte Einstellungen am Notebook geändert werden müssen, was manche Redner technisch überfordert. Doch wenn Sie die im Folgenden beschriebenen Schritte konsequent in der genannten Reihenfolge nachvollziehen, können Sie PowerPoint bald als eine Art Teleprompter für Ihren Vortrag nutzen.

Beachten Sie aber, dass Ihr PC dafür über Windows XP und über Office XP/Office 2007 verfügen muss. Auf einem Apple-Computer gestaltet sich das Vorgehen ähnlich, allerdings wird dort der zweite Monitor automatisch erkannt. Sie können hier also direkt mit den Einstellungen in PowerPoint beginnen.

- Verbinden Sie Ihr Präsentationsnotebook mit dem bereits eingeschalteten Beamer.

- Erweitern Sie dann den Windows-Desktop auf den zweiten Monitor (Beamer). Führen Sie dazu auf dem Desktop mit der rechten Maustaste einen Klick aus und wählen Sie aus dem erscheinenden Menü „Eigenschaften" aus. Gehen Sie dort in „Einstellungen", klicken Sie „Monitor 2" an und bestätigen Sie dann die Erweiterung des Windows-Desktops auf diesen Monitor, indem Sie ein Häkchen im entsprechenden Feld setzen.

- Starten Sie nun das Programm PowerPoint selbst. Hier können Sie im Menü „Bildschirmpräsentation" die Referentenansicht aktivieren und müssen nur angeben, dass die Präsentation auf dem Monitor 2 gezeigt werden soll.

Wenn Sie diese Schritte durchgeführt haben, sehen die Zuhörer wie gewohnt die Präsentationsfolie an der Wand, nur die Ansicht auf Ihrem Notebook hat sich geändert. Achtung: Um die Möglichkeiten dieser Funktion voll auszuschöpfen, ist es allerdings notwendig, dass Sie Ihre Notizen bei der Folienerstellung tatsächlich füllen. Andernfalls bleibt das Feld leer und die Ansicht hilft Ihnen wenig.

 NUTZEN SIE DIE NOTIZENSEITEN AUCH FÜR DAS HANDOUT

Die meisten Folien werden auch deswegen mit Text vollgepackt, weil der Redner sie gleichzeitig für das Handout verwenden will. Mit der Notizenansicht von PowerPoint können Sie daher tatsächlich zwei Fliegen mit einer Klappe schlagen. Beschränken Sie die Darstellungen auf Ihren Folien auf die wesentlichen Stichwörter und Grafiken. Tragen Sie dann die ausführlichen Informationen in die jeweils dazugehörigen Notizenfelder ein. Damit stehen Ihnen alle Informationen zur Verfügung, und Sie können sie einfach für das Handout ausdrucken. Auf dem Ausdruck steht dann die Folie oben auf der Seite und darunter findet sich der zugehörige Text.

Drucken Sie die Folien in der Übersicht aus

Die zweite Möglichkeit, wie Sie bei einer Folienpräsentation den Überblick bewahren, besteht darin, dass Sie die Folien in der Gliederungs- oder in der Handzettelansicht ausdrucken. Wenn Sie die Ausdrucke dann neben Ihr Notebook legen, haben Sie zumindest die Möglichkeit zu sehen, welche Folien jeweils folgen.

Außerdem können Sie bei Rückfragen souverän von einer Folie zur nächsten springen, indem Sie einfach die ausgedruckte Foliennummer gefolgt von der Enter-Taste eingeben. Ein hektisches Blättern durch die Folien am Bildschirm entfällt und Sie wirken nicht nur inhaltlich sicher, sondern auch in der Art und Weise, wie Sie Ihre Inhalte präsentieren.

So wirken Sie bei Ihrer Rede souverän

Viele Redner, die nur selten in die Situation kommen, Reden oder Präsentationen halten zu müssen, werden von heftigem Lampenfieber gebeutelt, wenn sie vor ihr Publikum treten. Vielleicht geht es Ihnen genauso. Doch was Sie als Belastung empfinden, ist möglicherweise überhaupt erst die Ursache dafür, dass Sie eine gute Leistung erbringen können. Im Sport wurde nachgewiesen, dass nur eine gewisse körperliche und physische Erregung optimale Leistung ermöglicht. Ähnliches gilt auch für Sie als Redner. Wenn Sie zu relaxed vor Ihr Publikum treten, ist eine Höchstleistung nicht möglich. Dann bringen Sie nicht genug Spannung auf, um das Publikum während der Rede/Präsentation in Spannung zu halten.

Lampenfieber ist eine Einbildung

Allerdings gibt es auch eine Art Überspannung, die mit dem englischen Begriff „stagefright" wesentlich besser beschrieben wird als mit dem Wort „Lampenfieber". Denn dabei steht die Angst im Vordergrund, die viele Redner verspüren. Die Angst zu versagen, den eigenen oder den Maßstäben des Publikums nicht zu genügen. Die damit verknüpften Symptome ähneln denen, die bei Musikern vor einem Auftritt auftreten und die sie für eine Studie wie folgt beschrieben haben: Herzrasen, feuchte Hände, Atemnot, Übelkeit, Schwindel. Allerdings scheint es sich bei diesen Symptomen in der Regel um Einbildung zu handeln. Untersuchungen des Freiburger Instituts für Musikmedizin haben gezeigt, dass bei den Opernsängern, die an der Studie teilgenommen haben – vor allem bei denjenigen, die am meisten unter Lampenfieber litten –, kein erhöhter Blutdruck festzustellen war. Die gleichen Ergebnisse wurden am Institut für Arbeit und Gesundheit an der Universität von Lausanne erzielt. Die Werte derjenigen, die angaben, Herzrasen zu haben, wiesen weder auf eine erhöhte Herzfrequenz noch auf einen erhöhten Blutdruck hin.

Für Sie heißt das, dass die gefühlten Reaktionen Ihres Körpers auf die Auftrittssituation in der Regel weder tatsächlich vorhanden noch vom Publikum wahrnehmbar werden können. Sie dürfen sich also in dieser Hinsicht völlig entspannen. Allerdings gibt es doch ein Phänomen, das bei Musikern unter Stress zu beobachten war und das auch bei Rednern eine Rolle spielt: Es wurden deutlich niedrigere CO_2-Konzentrationen in der ausgeatmeten Luft gemessen. Das deutet auf eine falsche Atemtechnik hin. Sie sollten also schon zu Beginn und während der Rede, sobald Sie Stress verspüren, darauf achten, die eingeatmete Luft wieder auszuatmen. Damit regulieren Sie den CO_2-Gehalt, eine natürliche Atmung stellt sich ein und Sie fühlen sich wieder sicher.

Das mag überraschend klingen, tatsächlich zeigen aber auch meine Erfahrungen in den Seminaren, dass es in der Regel nur um die richtige Atmung geht. Der Rest an Symptomen bleibt dem Publikum verborgen und existiert möglicherweise tatsächlich nicht. Um den Ablauf vor einer Rede zu beruhigen, die Fehlerwahrscheinlichkeit bei der Vorbereitung der Technik zu reduzieren und gleichzeitig Ihr Lampenfieber zu senken, empfehle ich Ihnen, dass Sie eine Checkliste anlegen, die Sie immer unmittelbar vor Rede- und Präsentationsauftritten einsetzen.

Halten Sie hier sechs bis zwölf Schritte fest, die Sie in immer gleicher Reihenfolge durchführen, bevor Sie die ersten Worte an Ihr Publikum richten. Dazu gehört unter anderem die sichere Standplatzwahl im Raum, der verbindliche Blickkontakt zum Publikum und schließlich die bewusste Ausatmung. Wenn Sie mit einem Beamer präsentieren, zählt auch dazu, dass Sie die Technik in der immer gleichen Reihenfolge anschließen. So lassen sich Fehlerquellen schnell identifizieren, falls Probleme auftauchen. Hinzu kommt, dass sich Pannen vermeiden lassen, wenn Sie immer gleich und deshalb entspannter vorgehen. Sicher haben Sie auch schon gesehen, wie ein Redner sein Notebook mehrmals verzweifelt herauf- und herunterfährt, weil der Notebook-Bildschirm schwarz bleibt und er nicht realisiert, dass über den Beamer bereits seine Anmeldeseite an die Wand projiziert wird. Das passiert nicht, wenn Sie in Ruhe Schritt für Schritt vorgehen.

Wesentlich auch: Für unterschiedliche Redesituationen, beispielsweise die Präsentation vor einer Großgruppe im Vergleich zum Vortrag im eigenen Team, sind unterschiedliche Checklisten erforderlich. Und jede einzelne müssen Sie mehrfach verwendet haben, sprich Punkt für Punkt vor Vorträgen durchgegangen sein, bevor Sie zuverlässig den beruhigenden Effekt spüren, der von diesem Hilfsmittel ausgeht. Und bevor Sie darauf vertrauen, dass Sie an alles gedacht haben.

PRÄSENTATION MIT DEM BEAMER ✓ CHECK

1. Beamer aufstellen und einschalten. ☐

2. Notebook aufstellen, einschalten, PowerPoint starten. ☐

3. Notebook und Beamer mit Beamerkabel verbinden. ☐

4. Notebook auf Beamer umschalten (FN und F7 zweimal drücken). ☐

5. Anzeige kontrollieren. Schwarze Folie einblenden (siehe Seite 110). ☐

6. Standplatz zentral in der Mitte vor dem Publikum einnehmen. ☐

7. Blickkontakt herstellen (Augenfarben der Zuhörer wahrnehmen). ☐

8. Ausatmen. ☐

9. Mit der Rede beginnen. ☐

Die kontrollierte Atmung und die konsequente Nutzung der Checkliste sollte Sie in die Lage versetzen, souverän aufzutreten und sich auf die Inhalte und die Zuhörer und nicht auf Ihren Körper zu konzentrieren.

Überzeugen Sie durch Ihre Körpersprache

Auch wenn es in vielen Firmen unüblich geworden zu sein scheint, Vorträge im Stehen zu halten – als Vorwand wird hier häufig angeführt, dass das

Notebook bei der Präsentation besser zu bedienen sei –, ist dies eindeutig dem Vortrag im Sitzen vorzuziehen. Wenn Sie vor den Zuhörern stehen, haben Sie den Vorteil, dass Sie einen wesentlich besseren Kontakt zu ihnen herstellen können. Außerdem befinden Sie sich in einer Position, die die meisten in diesem Moment unbewusst als die Position desjenigen wahrnehmen, der gerade das Sagen hat. Sie können sich auch gut in der Mitte des Raums platzieren, was die Wirkung Ihres Auftritts noch einmal verstärkt.

Senden Sie Souveränitätssignale aus

Generell gilt: Je unsicherer Redner sind, desto eher versuchen sie, sich unsichtbar zu machen. Sie setzen sich in die Gruppe oder stellen sich seitlich hin, um den Blick auf die Folien freizugeben. Allerdings wird dieses Verhalten meist bestraft. Wer beim Vortrag sitzt, wird häufiger unterbrochen. Steht der Redner an der Seite, orientieren sich die Teilnehmer meist mehr an den Folien oder schalten einfach ab. Die Betonungen und Hervorhebungen verlieren sich genauso im Hintergrund wie der Vortragende selbst. Daher mein Rat: Fassen Sie Mut und platzieren Sie sich mittig vor der Gruppe. Damit signalisieren Sie Selbstbewusstsein und steigern die Wirkung Ihrer Worte.

 DIE SCHWARZE FOLIE FÜR DEN GUTEN EINSTIEG

In vielen Besprechungsräumen steht der Beamer auf dem Tisch vor dem Redner. Deshalb ist es für ihn schwierig, sich in der Mitte zu positionieren. In solchen Fällen hilft in der Einstiegsphase eine vorgeschaltete schwarze Folie in der PowerPoint-Präsentation. Während Sie sie zeigen, können Sie sich unmittelbar vor dem Beamer aufbauen, ohne vom Licht angestrahlt zu werden. So können Sie die zentrale Position einnehmen und müssen sie erst dann aufgeben, wenn Sie die ersten Folien mit Inhalten zeigen. Im Lauf des Vortrags können Sie den Kunstgriff schwarze Folie immer wieder einsetzen, um die zentrale Position einzunehmen und Ihre persönliche Präsenz zu verstärken.

Falls es tatsächlich einmal unmöglich sein sollte, im Stehen zu präsentieren, dann achten Sie darauf, dass Sie am Tisch eine wirkungsvolle Grundhaltung einnehmen. Sie ist eine Kombination aus wenigen Signalen: Setzen Sie sich aufrecht hin, rücken Sie nahe an den Tisch und legen Sie Ihre Arme nach außen geöffnet auf den Tisch (V-Haltung). So signalisieren Sie, dass Sie bereit sind, in der aktuellen Situation aktiv zu werden.

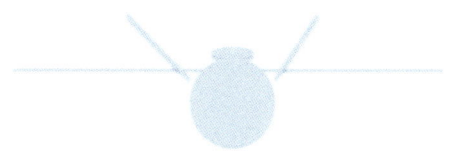

Sitzhaltung von oben gesehen

Setzen Sie vor allem am Anfang und am Ende klare Zeichen

Um ein Höchstmaß an Souveränität auszustrahlen, sollten Sie zwei Phasen Ihrer Rede besondere Aufmerksamkeit schenken: dem Auftritt und dem Abgang. Üblicherweise sieht die Situation bei einer Rede im Alltag so aus, dass die Zuhörer am Anfang noch nicht konzentriert bei der Sache sind. Der Auftakt der Rede wird dadurch überlagert, dass noch schnell ein letzter Sachverhalt mit dem Nachbarn geklärt werden oder eine SMS beziehungsweise E-Mail auf dem Blackberry verschickt werden muss. Wenn Sie in dieser Phase einfach loslegen, verschenken Sie erstens die Wirkung Ihres geplanten Einstiegs. Zweitens signalisieren Sie, dass Sie nicht Herr der Situation sind, denn jeder macht, was er gerade will.

Ein sogenannter Clean Entrance besteht darin, dass Sie ganz bewusst auftreten, in Ruhe verharren und erst dann Kontakt zu den Anwesenden aufnehmen, wenn Sie die volle Aufmerksamkeit bekommen. Dann beginnen Sie zu sprechen. Sie signalisieren so ohne Worte, wer in der nächsten Phase der Chef im Ring ist. Sobald das klar ist, wird es Ihnen auch leichter fallen, möglicherweise aufkeimende Unruhe in den Griff zu bekommen.

Der gelungene Abgang ist dann ebenso wichtig, eine Flucht von der Bühne wirkt alles andere als souverän. Dieser Eindruck entsteht übrigens auch, wenn Sie sich überflüssig schnell mit dem Notebook beschäftigen und es schon herunterfahren. Beim „Clean Exit" geht es darum, am Ende der Rede sichtbar zu den eigenen Worten zu stehen. Sie schließen also mit Ihrem Appell und bleiben dann einen Moment schweigend stehen, bevor Sie mit einem Kopfnicken die Situation offiziell für beendet erklären. Warten Sie dann noch einen Moment – falls es Applaus gibt –, dann gehen Sie ab. Ein solcher Abschluss wirkt nach und verstärkt Ihre Worte im Nachhinein körpersprachlich. Sie demonstrieren also ganz am Ende noch einmal Ihre Souveränität.

Über den Blickkontakt läuft die Kommunikation

Erfolgreiche Kommunikation zwischen den Menschen ist in aller Regel mit einem direkten Blickkontakt verknüpft. Dabei wird natürlich nicht gestarrt und es sind durchaus Phasen erlaubt, in denen die Beteiligten woandershin schauen. Daraus ergibt sich beinahe automatisch, dass Sie als Redner als besonders souverän wahrgenommen werden, wenn es Ihnen gelingt, während der Rede einen verbindlichen Blickkontakt zu Ihren Zuhörern aufzubauen – und zu halten. Hinzu kommt, dass der direkte Augenkontakt in unserem Kulturkreis Ehrlichkeit signalisiert.

Bei Präsentationen mit PowerPoint oder dem Flipchart ergibt sich häufig die Schwierigkeit, dass der Redner den Blickkontakt zu seinem Publikum verliert, weil er beispielsweise mit dem Laserpointer auf einer Folie etwas zeigt oder am Flipchart eine Grafik entwickelt, während er gleichzeitig weiterspricht. Die Folge ist dann häufig ein schneller, misstrauischer Blick in Richtung Publikum, um zu kontrollieren, ob die Zuhörer noch da sind. Um auch trotz Mediennutzung die souveräne Wirkung nicht zu verlieren, sollten Sie einerseits Ihre PowerPoint-Folien so gestalten, dass Sie ohne Laserpointer auskommen. Nutzen Sie stattdessen beispielsweise farbige Hervorhebungen und sprechen Sie diese dann an: „... in dem rot umrandeten Bereich ist zu erkennen ..." Andererseits sollten Sie immer, wenn Sie in Richtung des Mediums blicken oder daran arbeiten, schweigen.

Wer sich bewegt verliert – an Wirkung

Zugegeben, die Überschrift ist provozierend formuliert und der Inhalt nicht ganz richtig. Damit möchte ich den Punkt ansprechen, dass zu viel Unruhe der Rede schadet, aber derjenige Sicherheit ausstrahlt, der im Verlauf seines Vortrags Standfestigkeit beweist. Das bedeutet für Sie, dass sie bei kurzen Reden die zentrale Position in der Mitte vor Ihrem Publikum einnehmen und von dort aus ruhig stehend sprechen. Nur bei einem Höhepunkt in der Rede oder weil der Medieneinsatz es erfordert, sollten Sie sich bewegen. Kehren Sie aber in jedem Fall immer wieder zum Ausgangspunkt zurück.

Bei längeren Reden hingegen ist es sinnvoller, hin und wieder einen anderen Standplatz einzunehmen. Denn dann müssen sich die Zuhörer neu orientieren. Hier trägt ein gewisses Maß an Veränderung dazu bei, die Aufmerksamkeit der Zuhörer zu halten. Bewegen Sie sich in einer ruhigen Gangart und mit raumgreifenden Schritten, um einen neuen Standplatz auszuwählen, auf dem Sie nun für einen längeren Zeitraum bleiben.

Kontrollieren Sie Ihre Gestik

Wer souverän wirken will, kontrolliert seine Gesten. Das hört sich nach einer nahezu übermenschlichen Leistung an, haben Sie doch während der Rede schon genug damit zu tun, die Inhalte sauber in der geplanten Reihenfolge rüberzubringen. Doch hört es sich komplizierter an, als es ist. Im Wesentlichen geht es darum, keine Gesten im Raum unterhalb der Gürtellinie durchzuführen. Der Grund dafür: Die Zuhörer suchen den Kontakt zu den Augen des Redners und werden durch Gesten weit weg davon abgelenkt. Gesten oberhalb der Gürtellinie hingegen werden als passend zur Rede wahrgenommen und unterstützen Ihren Vortrag, ohne dass Sie viel darüber nachdenken müssten.

Um eine Gestik oberhalb der Gürtellinie zu unterstützen, empfehle ich Ihnen, dass Sie eine der folgenden vier Grundhaltungen einnehmen:

- Halten Sie Ihre Arme angewinkelt seitlich vom Körper. Sie können aus dieser Haltung heraus mit beiden Armen nach Bedarf gestikulieren. Beim Vortrag mit Powerpoint bietet es sich an, in die eine Hand die Funkmaus zu nehmen und die andere Hand für Gesten einzusetzen.

- Lassen Sie einen Arm locker, eventuell leicht angewinkelt nach unten hängen und winkeln Sie den anderen Arm an. Mit dem angewinkelten

Arm gestikulieren Sie, der hängende Arm bleibt ruhig. Bei besonders wichtigen Passagen werden Sie den hängenden Arm automatisch anwinkeln, sodass die Inhalte zusätzlich unterstützt werden. Im Lauf des Vortrags können Sie den Einsatz der Arme auch immer wieder wechseln, damit nicht einer einschläft.

- Legen Sie die Hände mit nach oben gerichteten Handflächen vor dem Bauchnabel locker ineinander. Ausgehend von diesem Punkt gestikulieren Sie mal mit der einen, mal mit der anderen Hand. Ihre Hände können dann immer wieder zu diesem zentralen Punkt zurückkehren. Diese Haltung wirkt zwar ein wenig steif und sehr konservativ, hilft aber, die Ruhe zu bewahren. Und sie ähnelt der Haltung am Rednerpult, bei der Sie beide Hände am Pult platzieren und von dort aus Ihre Gesten ausführen.

- Stecken Sie eine Hand in die Hosentasche (nur bei Bundfaltenhosen) und winkeln sie den anderen Arm an. Mit dem angewinkelten Arm gestikulieren Sie; besonders wichtige Aussagen unterstreichen Sie automatisch, indem Sie die verborgene Hand aus der Tasche nehmen. Die Hand in der Hosentasche kommt immer mehr in Mode. Allerdings empfiehlt sich eine solche Haltung eher vor jungen, wenig konservativen Zuhörern, da sie in einer Zeit aufgewachsen sind, in der Altbundeskanzler Gerhard Schröder und die durch die Globalisierung geprägten Redner das Bild des Redners in der Öffentlichkeit so geprägt haben.

Tendieren Sie zu dieser Haltung, beachten Sie bitte, dass Sie die Hand nicht bereits zu Anfang der Rede in die Hosentasche stecken, damit Ihr Auftritt nicht ungewollt arrogant wirkt. Wichtig ist auch, dass Sie Ihre Hand in der Hosentasche still halten und nicht versehentlich mit einem Schlüssel oder Kleingeld spielen.

Arbeiten Sie mit Ihrer Stimme

Um den souveränen Eindruck auf Ihre Zuhörer noch weiter zu verstärken, sollten Sie lernen, Ihr Hauptwerkzeug im Vortrag richtig zu nutzen – Ihre

Stimme. Dabei hilft es vor allem, wenn Sie dem Sprechtempo und den Pausen Ihre Aufmerksamkeit schenken und natürlich den Betonungen während der unterschiedlichen Phasen Ihrer Rede.

Um Ihre Stimme auf den Vortrag vorzubereiten, sollten Sie unmittelbar vor der Rede Ihre Atmung kontrollieren. Sprechen Sie erst, nachdem Sie ausgeatmet haben. Damit finden Sie schnell Ihren natürlichen Sprechrhythmus, der es Ihnen erlaubt, optimal mit Ihrer Stimme zu arbeiten. Während der Rede setzen Sie Akzente, indem Sie zum Beispiel die Tonlage wechseln. Ein Redner, der immer in der gleichen Tonlage spricht, ermüdet die Zuhörer. Dabei spielt es keine Rolle, ob er permanent leise oder laut spricht. Wenn Sie jedoch gezielt in Passagen, die Sie hervorheben möchten, die Lautstärke verändern, erhalten Sie sich die Aufmerksamkeit der Zuhörer.

SPIELEN SIE MIT DER LAUTSTÄRKE

Laute Redner erzielen Höhepunkte, indem Sie leiser werden, leise Redner, indem Sie die Stimme anheben.

Viele Redner machen keine Pausen beim Sprechen, weil sie sie als unangenehm empfinden. Das liegt daran, dass für den Vortragenden die Zeit schneller vergeht als für die Zuhörer. Deshalb empfindet er eine Pause schnell als zu lang, obwohl das Publikum sie noch gar nicht wahrgenommen hat. Da sie ihre Rede kennen, ist für sie die Pause auch nicht mehr so wichtig, für den Zuhörer aber schon. Er muss schließlich Informationen verarbeiten, Verbindungen zu seinen eigenen Erfahrungen herstellen, sich Wichtiges merken – alles Aufgaben, bei denen Sie als Redner ihn mit Pausen unterstützen können. Zudem erhöhen kleine Unterbrechungen – an den richtigen Stellen – die Spannung in der Rede.

Bewusste Pausen zu setzen bedeutet jedoch nicht, generell langsam zu sprechen. Wenn Sie beispielsweise Ihr Team motivieren wollen und sprechen dabei langsam, können Sie die Zuhörer sicher nicht begeistern. Passen Sie aber den Rhythmus der Rede an den Inhalt an und sprechen Sie in den motivierenden Passagen schneller als in den übrigen, und setzen dann eine kurze Pause, um das Gesagte wirken zu lassen, wird Ihre Rede als abwechslungsreich und lebendig wahrgenommen.

Bereits im Abschnitt über den Blickkontakt habe ich darauf hingewiesen, wie sehr eine Präsentation an Wirkung verliert, wenn der Redner in Richtung eines Mediums und nicht zum Publikum spricht. In Bezug auf die Stimme trifft dieser Negativeffekt ebenfalls zu. Sobald Sie sich beim Sprechen nach hinten wenden, wenden Sie sich vom Publikum ab. Ihre Stimme wird leiser und das Gesagte oft auch undeutlicher. Achten Sie daher generell darauf, dass Sie immer zu den Zuhörern sprechen.

Das bedeutet auch, dass Sie bei einem frei gehaltenen Vortrag, bei dem Sie Karteikarten verwenden, nicht gleichzeitig sprechen und lesen sollten. Sobald Sie nach unten sehen und sprechen, blockieren Sie die freie Atmung. Der Effekt: Die Stimme wird dumpf, Endungen gehen verloren und Sie kommen nicht mehr so gut bei Ihrem Publikum an. Auch wenn Sie sich an Ihrem Konzept orientieren müssen – schweigen Sie, solange Sie lesen, und sprechen Sie, wenn Sie wieder Kontakt zu Ihren Zuhörern haben.

 WAS IST BEI DIALEKTEN ZU BEACHTEN?

In vielen Dialekten besteht die Tendenz, die Endungen einzelner Wörter zu verschlucken. Das erschwert es den Zuhörern jedoch, dem roten Faden über längere Zeit hinweg zu folgen, da sie ständig damit beschäftigt sind, Buchstaben zu ergänzen. Dialekt als solcher ist ein Teil Ihrer Persönlichkeit und auch akzeptabel, insofern dadurch die Sprache in puncto Grammatik, Wortwahl und eben Aussprache nicht so sehr leidet, dass Sie nicht mehr verstanden werden. Achten Sie daher bewusst darauf, alle Endungen mitzusprechen.

Nachgewiesen: Die Stimme spiegelt die Kompetenz

Es liegt viel Macht in der Art und Weise, wie Redner ihre Stimme gebrauchen. Dabei kommt allerdings noch hinzu, dass den Psychologen Judee K. Burgoon und Thomas P. Saine nach dem Redner über die Stimme bestimmte Persönlichkeitsmerkmale zugeordnet werden:

WIE DIE STIMME WIRKT

flüsternd	unreif, kindisch, sexy; kann aber auch den Eindruck von Weichheit, Schüchternheit, Leichtigkeit, Liebe, Leidenschaft und Bewunderung vermitteln
angespannt	keine Kooperationsbereitschaft, emotionale Unsicherheit, launisch; führt mitunter auch beim Zuhörer zu Anspannung; kann Zorn, Rücksichtslosigkeit, Frustration, Grausamkeit zum Ausdruck bringen
nasal	langweilig, faul, weinerlich; kann Widerwillen, Langeweile, Klagen und Geringschätzung der eigenen Person zum Ausdruck bringen
sanft	idealistisch, autoritär, prahlerisch; kann ebenfalls auf Positivität, Offenheit und Wichtigkeit hindeuten
leblos	gefühllos, begeisterungsunfähig; kann den Eindruck von Faulheit, Langeweile und Missfallen vermitteln
dünn	unreif, unsicher, unentschieden; kann Zweifel, Rechtfertigung und Schwäche zum Ausdruck bringen
rau/heiser	Kontrolle, Zurückhaltung, Mangel an emotionaler Bewegungsfreiheit; kann den Eindruck von Vorsicht, Sorgfalt und hohen Anforderungen vermitteln

Die Stimme eines Redners wird vom Publikum auch noch in anderer Hinsicht wahrgenommen: Spricht der Redner angemessen laut? Artikuliert er deutlich? Wirkt die Stimme dunkel und tief? Schlägt der Redner ein angemessenes Tempo an? Verfügt er über eine kräftige Stimme mit vollem Stimmklang? Vor allem die tiefen beziehungsweise die dunklen Stimmen werden von den meisten Zuhörern von ihrer Wirkung her als sympathischer, angenehmer, selbstständiger, dominierender und intensiver beurteilt.

Werden Äußerungen eines Redners oder einer Rednerin durch das Publikum nicht korrekt und vollständig wahrgenommen, liegt das in der Regel daran, dass die betreffende Person zu leise, zu kraftlos, zu zaghaft oder zu zögernd gesprochen hat. Häufig fällt darüber hinaus bei Frauen auf, dass sie mit hoher, manchmal zittriger Stimme sprechen und eine einmal gewählte Stimmlage nicht über einen längeren Zeitraum beibehalten können. Diese Umstände in Verbindung damit, dass Menschen mit höheren Stimmen im Vergleich zu denen mit tieferen Stimmen allgemein als ängstlicher, selbstunsicherer und sich unterordnend charakterisiert werden, erschwert es Frauen immer wieder, mit ihren Vorträgen ernst und wahrgenommen zu werden.

Daran, wie Männer und Frauen Stimmen wahrnehmen, wenn nur der auditive Eindruck vorhanden ist, beispielsweise am Telefon, zeigt sich, wie unterschiedlich und gleichzeitig wichtig die Wirkung vokaler Charakteristika ist.

WIE MÄNNER UND FRAUEN STIMMEN WAHRNEHMEN

Stimme	Geschlecht	hineininterpretiertes Merkmal
flüsternd	Mann	jung, künstlerisch angehaucht
	Frau	fraulich, schön, bittend, zart besaitet
dünn, spärlich	Mann	Eindruck des Sprechers unverändert
	Frau	soziale, emotionale und geistige Unreife, Sinn für Humor, Empfindsamkeit
gespannt	Mann	älter, unnachgiebig, rechthaberisch
	Frau	jung, gefühlsbetont, weiblich, überempfindlich

Emotionalisieren Sie mit Ihrer Stimme

Mit Ihrer Stimme vermitteln Sie einerseits die eigene momentane Gefühlslage. Andererseits können Sie Gefühle und Emotionen, die mit den Inhalten der Rede und mit der Situation des Publikums verknüpft sind, zum Ausdruck bringen. Ersteres spiegelt sich häufig durch die dem Stress geschuldeten Gefühlsäußerungen wie „äh", „ah" oder „mmh" wider. Ferner ist sehr häufig zu beobachten, dass bei Dialektsprechern bei starker innerer Unruhe die Stärke des Dialekts zunimmt. Wie Tempo- und Rhythmuswechsel auf die Emotionen der Zuhörer wirken, zeigt die folgende Tabelle.

WIRKUNG VON TEMPO UND RHYTHMUSWECHSELN

akustische Erscheinung	Ausführung	Ausstrahlung des Redners auf das Publikum
Variation der Aufs und Abs (Amplitude)	moderat	angenehm, aktiv, entspannt-zufrieden
	extrem	ängstlich, niedriger Status
Sprechtempo	langsam	langweilig, abstoßend, traurig
	schnell	glücklich, aktiv, energisch, überraschend
Rhythmus	ohne Rhythmus	langweilig
	mit Rhythmus	aktiv, überraschend, besorgt

Wenn Sie sich der Wirkungen bewusst sind, können Sie durch den gezielten Einsatz Ihrer Stimme die Emotion der Zuhörer während der Rede beeinflussen. Dabei entscheiden Sprechflüssigkeit, -geschwindigkeit und die Bandbreite, mit der Sie Tonhöhen und die Lautstärke variieren können, darüber, inwieweit das Publikum Ihnen als Redner Kompetenz, Glaubwürdigkeit und Überzeugungskraft zuschreibt. Je variantenreicher Sie sprechen, desto positiver ist die Wirkung.

Präsentieren Sie nicht ohne Funksteuerung

Eine gute Fernsteuerung für die Bedienung von PowerPoint ist bereits für weniger als 30 Euro zu haben, doch noch immer verwenden viele Redner die Tastatur am Notebook oder eine kabelgebundene Maus, um weiterzublättern. Investieren Sie die 30 Euro. Damit erreichen Sie mehr, als auf den ersten Blick offensichtlich ist. Weil Sie nicht direkt beim Notebook stehen bleiben müssen, können Sie den Standplatz im Raum frei wählen und brauchen nicht jedes Mal zu Ihrem Notebook zurückzugehen, wenn Sie weiterblättern wollen. Ferner haben Sie einen Gegenstand in der Hand, was Ihnen vermutlich wie so vielen anderen Rednern auch den Vortrag erleichtern wird. Und schließlich vermeiden Sie es, dass Sie sich ständig zum Notebook herunterbeugen müssen, was Ihren Vortrag – wie schon beschrieben – negativ beeinflussen würde.

Weiterer Vorteil: Abhängig von der Ausstattung des Steuerungsgeräts finden Sie zusätzliche Funktionalitäten vor. So verfügen die meisten Geräte neben den Tasten für das Vor- und Zurückschalten über einen integrierten Laserpointer und eine „Black-Taste", mit der Sie den Beamer unabhängig von PowerPoint in den Schwarzmodus schalten können. Die besseren Modelle umfassen darüber hinaus eine Stoppuhr, mit der Sie Ihre Redezeit kontrollieren können.

Wenn Sie das Buch bis hierher durchgearbeitet haben und sich inzwischen über die Wirkmechanismen von Struktur, Sprache und Körpersprache bewusst sind, sollten Sie an dieser Stelle nicht plötzlich anfangen zu sparen und die Wirkung Ihres Vortrags durch fehlendes oder falsches Equipment aufs Spiel setzen.

Sicher vom Monolog zum Dialog

Die meisten Rede- beziehungsweise Präsentationssituationen, die Ihnen in Ihrem Businessalltag begegnen werden, sind nicht nur durch den Monolog vor dem Publikum geprägt, sondern beinhalten zudem dialogische Elemente. Für Sie heißt das, dass Sie häufig schon während des Vortrags mit Zwischenfragen umgehen müssen, sich aber in aller Regel spätestens am Ende Ihrer Rede der Diskussion stellen müssen.

Meiner Erfahrung nach fürchten viele Redner vor allem solche Situationen, weil Sie möglicherweise mit Fragen oder Argumenten konfrontiert werden, auf die sie in der jeweiligen Situation keine passende Antwort haben. Tatsächlich aber ist es so, dass die meisten Vortragenden, die ich beobachtet habe, gerade in Phasen des Dialogs wesentlich stärker und überzeugender waren als in den Phasen, in denen sie sklavisch ihrem Redekonzept gefolgt sind. Das liegt daran, dass der Dialog in Redesituationen dem Wesen nach wesentlich näher am normalen Gespräch liegt als der Vortrag. So bewegt sich der Redner auf sicherem Terrain und kann überzeugen, während er vorher noch in Gefahr war, ins Straucheln zu geraten. Überlegen Sie sich deshalb vorab, wie Sie gezielt den Übergang von der Rede- zur Dialogsituation schaffen.

Sie legen den Zeitpunkt für Zwischenfragen fest

Präsentationen werden oft in ungeeigneten Momenten durch Zwischenfragen gestört. Es ist also wesentlich besser, wenn Sie den Zeitpunkt für Fragen bestimmen.

Nutzen Sie schwarze Folien

Die einfachste Technik besteht darin, dass Sie, wenn Sie ein Kapitel des Vortrags abschließen, eine schwarze Folie einblenden und nun die Zuhörer mit einer offen gestellten Frage zum Dialog ermuntern: „Welche Fragen gibt es von Ihnen zu diesem Aspekt?" Die meisten Zuhörer beginnen sowieso von sich aus, aktiv nachzufragen, wenn der Redner ein Kapitel abgeschlossen hat, da sie befürchten, dass es sonst keinen guten Zeitpunkt mehr für ihre Fragen geben wird. Ihre Aufforderung wird also normalerweise gerade recht kommen. Sie dürfen damit rechnen, aktiv in den Dialog einsteigen zu können, ohne dass der rote Faden Ihrer Rede durch eine falsch platzierte Frage zerschnitten wird.

Außerdem können Sie eine Diskussion, die sich in die falsche Richtung entwickelt, jederzeit stoppen, indem Sie die nächste Folie aktivieren und den Fokus wieder auf die Präsentation ausrichten. Sie bleiben damit derjenige, der das Heft in der Hand hat.

Stellen Sie Fragen auch einmal zurück

Trotz aller Planung werden Sie nicht alle Fragen auf einen bestimmten Zeitpunkt hin lenken können. Sollte es dazu kommen, dass Sie während Ihres Vortrags auf eine Zwischenfrage reagieren müssen, sollten Sie nach folgendem Muster vorgehen:

- Wiederholen Sie die Frage, um Ihre Gedanken zu sortieren. Haben Sie sie nicht verstanden, sichern Sie das Verständnis durch Rückfragen.

- Beantworten Sie die Frage im Kern knapp mit einem Satz.

- Vertagen Sie eine ausführliche Antwort auf einen späteren Zeitpunkt während oder nach der Präsentation.

 EINE UNPASSENDE FRAGE

Der Redner Karl Mitschler spricht gerade über den Ablauf der Qualitätssicherung beim Kunden X anlässlich eines Qualitätsproblems in der laufenden Serie. Da wird er von einem Zuhörer unterbrochen.

„Herr Mitschler, meines Wissens nach planen wir für den Kunden X ja eine weitere Produktreihe, die auf den Modulen, die bei diesem Typ verwendet werden, basieren. Wie stellen Sie sich das vor?"

Herr Mitschler ist verwirrt und kann die Frage nicht einordnen. Deswegen fragt er zurück: „Worum geht es Ihnen im Detail?"

Der Zuhörer formuliert neu: „Wenn wir im laufenden Projekt schon Qualitätsprobleme haben, wie wollen Sie dann sicherstellen, das diese in Zukunft nicht
auftauchen?"

Jetzt hat Herr Mitschler seinen Ansatzpunkt: „Indem wir mittelfristig auf unseren Alternativlieferanten umstellen, werden wir die Probleme zukünftig vermeiden. Aber auf diesen Punkt werde ich im weiteren Verlauf meines Vortrags
nochmals eingehen."

Nach dieser Antwort fährt Herr Mitschler mit seinem Vortrag fort.

Mit diesem Reaktionsmuster stellen Sie als Redner auf der einen Seite
den Zuhörer kurzfristig zufrieden – er hat gleich eine Antwort bekommen. Auf der anderen Seite vermeiden Sie es, sich zu weit vom eigentlichen Thema zu entfernen. Wenn es Ihnen dann noch im weiteren Verlauf der Rede gelingt, den Zuhörer dann wieder aktiv anzusprechen,
wenn Sie die Antwort auf seine Frage, die Sie zuvor knapp gehalten haben, vertiefen, wird das als ein deutliches Zeichen für Ihre Souveränität
aufgefasst werden.

ZUM UMGANG MIT FRAGEN UND ZWISCHENRUFEN

Ein gekonnter Umgang mit Störungen zeigt sich an vier Dingen: Die betreffenden Redner

- handeln nach dem Prinzip, dass nicht die schnelle, sondern die passende
  Antwort überzeugt. Meist atmen sie erst einmal tief durch, bevor sie auf
  die Frage reagieren.

- stellen sicher, dass sie Fragen und Zwischenrufe richtig verstanden haben,
  bevor sie antworten. Sie fragen gegebenenfalls nochmals zurück.

- kennen das Prinzip „We agree to differ" und versuchen nicht, jeden um
  jeden Preis zu überzeugen.

- erkennen, wenn der Zwischenrufer recht hat, und können auch einmal
  souverän einen Fehler zugeben, ohne dabei das Gesicht zu verlieren.

Geben Sie in Diskussionen die Richtung vor

Am Schluss der meisten Präsentationen steht der folgende Standardsatz: „Gibt es noch irgendwelche Fragen?" Die Reaktion darauf ist, dass entweder keiner mehr nachfragt, da die Teilnehmer das Signal des Redners so interpretieren, dass er zum Ende kommen möchte. Oder die Teilnehmer fragen nach den Inhalten, die ihnen wichtig sind, und sprechen womöglich gleich zu Anfang einen Punkt an, bei dem Sie unsicher sind.

Machen Sie es doch anders. Stellen Sie statt der Standardfrage eine Frage, die auf ein Thema fokussiert ist. Hier sollten Sie ein Thema auswählen, über das Sie gerne diskutieren wollen und bei dem Sie sattelfest sind. Achten Sie auch darauf, dass Sie zusätzlich zu einer bereits gezeigten Folie noch vertiefende Erläuterungen abgeben können oder eine weitere Folie im Backup haben. Sie könnten beispielsweise Ihre Frage so formulieren: „Welche Ideen sind bei Ihnen aufgetaucht, als ich Ihnen die neuen Arbeitsmittel für den Bereich Vertrieb vorgestellt habe?" Damit sprechen Sie ein Thema an, das Ihrer Ansicht nach diskussionswürdig ist. Vielleicht haben Sie dazu sogar vorab weitere Folien vorbereitet, mit denen Sie die neuen Arbeitsmittel, zum Beispiel ein EDV-Tool, anhand von Screenshots vertiefend vorstellen können.

Indem Sie die Themen für die Diskussion am Ende des Vortrags festlegen, bewegen Sie sich in jedem Fall in einem sicheren Umfeld. Und es wird Ihnen gelingen, aus der Rede/Präsentation heraus sanft zur Diskussionssituation überzuleiten. Setzen Sie sich auch ruhig wieder hin, wenn Sie wollen, damit Sie nicht als Einzelner im Brennpunkt stehen, wenn kritische Einwürfe gemacht werden.

Bleiben Sie gelassen, wenn es turbulent wird

Die Situation, vor der die meisten Redner Angst haben oder die sie zumindest in Stress versetzt, sieht so aus: Die gut geplante Rede oder Präsentation wird durch technische Pannen, unfreundliches Verhalten der Zuhörer oder schlicht durch Zwischenfragen zum falschen Zeitpunkt gestört. In solchen Augenblicken sollten Sie einen kühlen Kopf bewahren und überlegt reagieren. Sicher ist der Ratschlag am schwersten zu beherzigen, wenn die Emotionen erst einmal geweckt sind. Doch selbst wenn Sie das Gefühl haben, dass eine schnelle Reaktion gefordert ist, geben Sie diesem Impuls nicht nach. Atmen Sie erst einmal tief ein und aus, vergegenwärtigen Sie sich, was passiert ist, und reagieren Sie dann der Situation angemessen. Für die Zuhörer beweist ein Redner, der ruhig und sicher agiert, wesentlich mehr Kompetenz als einer, der blitzschnell schießt, aber nicht ins Schwarze trifft.

Denken Sie hilfsbereit

Viele Dinge, die einen Redner aus dem Takt bringen, entstehen durch unabsichtlich störendes Verhalten der Zuhörer. Da beginnt der Redner mit seinem Vortrag und plötzlich fällt es einem der Zuhörer ein, dass er sich etwas zu trinken einschenken möchte: Erst klappert er mit der Flasche, dann muss er einen der anderen Zuhörer um den Flaschenöffner bitten und schließlich zischt die Cola, wenn sie in das Glas eingeschenkt wird.

Auch wenn Sie das stört, in dieser Situation haben Sie als Redner kaum eine Chance, etwas zu unternehmen. Allerdings können Sie die Störung durch eine bewusst gesetzte Pause mit Blickkontakt hin zu demjenigen, der sie verursacht, deutlich verkürzen. Denn meist wird dem Betreffenden die Situation dann peinlich sein, er wird versuchen, so schnell wie möglich den Zustand der Ruhe und Aufmerksamkeit wieder herzustellen. Toppen können Sie diese gelassene Reaktion noch dadurch, dass Sie voraussehen, dass auf den Griff zur Flasche die Suche nach dem Flaschenöffner folgen wird, Sie dem Teilnehmer vorausschauend zu Hilfe eilen und ihm den Flaschenöffner reichen. Mit dieser Reaktion zeigen Sie, dass Sie die Situation im Griff haben, und können anschließend mit Ihrer Rede fortfahren.

Ähnlich sehen die Reaktionsmuster auf die meisten derartigen Störungen aus. Die folgende Tabelle zeigt, wie Sie auf häufig vorkommende Situationen am besten reagieren.

 UMGANG MIT STÖRUNGEN

Störung	Reaktion
Ein Handy klingelt.	● Unterbrechen Sie Ihren Vortrag.
Ein Zuhörer spricht mit seinem Nachbarn.	● Nehmen Sie schweigend Blickkontakt zu demjenigen auf, der durch sein Verhalten stört.
Ein Zuhörer betritt verspätet den Raum.	● Nehmen Sie Blickkontakt mit den unmittelbaren Nachbarn des Störers auf, damit sie ihn auf sein Verhalten hinweisen.
Ein Zuhörer steht auf und verlässt den Raum.	● Gehen Sie gegebenenfalls einen Schritt auf denjenigen zu, um Aufmerksamkeit bei ihm zu wecken.
Ein Zuhörer reicht Unterlagen an einen weiter entfernt sitzenden Kollegen weiter und beschäftigt die Gruppe damit.	● Sprechen Sie den Störer mit der Bitte um Unterlassung aktiv an.

Störungen, die lästig sind, wenn Sie öfter auftreten, werden nach der ersten Beseitigung durch klare Spielregeln unterbunden. Beispiel: Bitte schalten Sie, sofern noch nicht geschehen, jetzt alle Ihre Handys aus. Sollte die Störung danach noch ein weiteres Mal vorkommen, müssen Sie hartnäckig die Einhaltung der Spielregel fordern und nötigenfalls auch die entsprechenden Konsequenzen ziehen. Fordern Sie zum Beispiel denjenigen Teilnehmer, der unbedingt telefonieren muss, im Interesse der anderen auf, erst einmal seine dringlichen Telefonate zu erledigen und dann wieder in den Raum zurückzukehren. Ohne Konsequenz verpufft die Wirkung von Spielregeln sehr schnell – das ist wie bei Kindern. Wenn Sie etwas verbieten, das Kind aber dieses Verbot ignoriert und keine Konsequenz folgt, wird es sich auch in Zukunft nicht an die Spielregeln halten.

FORMULIEREN SIE SPIELREGELN ERST DANN, WENN ES NÖTIG WIRD

Ein häufig zu beobachtender Fehler in diesem Zusammenhang besteht darin, dass der Redner die Spielregeln festlegt, noch bevor er mit seinem Vortrag beginnt. Das verschafft ihm zwar das Gefühl von Sicherheit, zwingt ihn aber auch bereits beim ersten Verstoß dazu, konsequent auf die Einhaltung zu beharren. Damit eskaliert er die Situation unnötig früh, denn es kann immer passieren, dass jemand sein Handy versehentlich nicht ausgeschaltet hat. Zudem zeigt der Redner gleich, dass er sich unsicher fühlt. Er verschenkt somit noch vor den ersten Worten einen Teil seiner Wirkung.

Ich empfehle Ihnen, in jedem Fall ohne Spielregeln zu starten und diese erst dann einzuführen, wenn die Situation es erfordert.

Agieren Sie inhaltlich

Für viele Redner sind auch Zwischenfragen ein „Störfall", denn oft tauchen sofort die inneren Stimmen auf: „Da will mich jemand fertigmachen!", „Da versucht einer, meine Kompetenz in Zweifel zu ziehen" oder „Hoffentlich kann ich die Frage auch richtig beantworten". Da diese inneren Stimmen laut rufen, fällt dem Redner eine ruhige und sachliche Reaktion oft schwer.

Wichtig ist es deshalb, sich in einer solchen Situation zunächst einmal Zeit zu verschaffen. Reagieren Sie nicht sofort mit der erstbesten Antwort, die Ihnen in den Kopf schießt und naheliegend erscheint, sondern vergewissern Sie sich, ob Sie die Frage überhaupt vollständig und richtig verstanden haben. Formulieren Sie zum Beispiel so:

- Habe ich Sie richtig verstanden, Ihnen geht es um ...? (Paraphrasierende, interpretierende Rückfrage)

- Was meinen Sie genau? Worauf genau beziehen Sie sich? (Konkretisierende Rückfrage)

Die meisten Zuhörer entwickeln Ihre Fragen selbst erst beim Sprechen. Sie formulieren daher oft so kompliziert, dass Sie als Redner nicht sicher sein können, ob Sie verstanden haben, worum es geht, und auch keine Antwort wissen. Indem Sie dann nachfragen, zwingen Sie Ihr Gegenüber zu mehr Klarheit und gewinnen Zeit, um über eine passende Reaktion nachzudenken. Dafür eignen sich beide genannten Frageformen. Achten Sie bei der paraphrasierenden Rückfrage darauf, selbst knapp und präzise zu formulieren. Bei der konkretisierenden Rückfrage kommt es vor allem darauf an, dass Sie das Wort „genau" verwenden, denn es weist den betreffenden Teilnehmer darauf hin, dass er kurz und klar fragen soll.

Sie werden sicher schnell feststellen, dass Sie mit dieser Technik die inneren Stimmen ruhig stellen und Ihre Souveränität stützen. Natürlich kann es immer passieren, dass Sie auf eine der konkretisierten Fragen keine Antwort geben können, weil vielleicht unterschiedliche Positionen existieren, die sich verbal nicht auflösen lassen. Dann sollten Sie sich wieder voll und ganz auf den Hauptpunkt, eine in der Gesamtheit überzeugende Rede zu halten, konzentrieren und den im Detail liegenden Nebenkriegsschauplatz möglichst schnell verlassen. Lassen Sie ein Thema auch einfach einmal fallen. „We agree to differ" ist hier das schon erwähnte Prinzip, mit dem sich Situationen, in denen Sie keine Einigung erzielen können, beenden lassen, ohne dass es zu einer Eskalation kommt.

Geben Sie auch einmal einen Fehler zu

Und nun zum größten Horror für jeden Redner: Sie haben eine Präsentation vorbereitet, Kalkulationen erstellt und Auswertungen eingefügt. Ihre Argumentation baut auf den Zahlen auf, die Sie errechnet haben. Mitten im Vortrag weist Ihnen ein Zuhörer einen Rechenfehler nach. In einer solchen Situation hilft keine Ausrede, auch nicht, dass Sie versuchen, fehlerhafte Zahlen irgendwie noch zu rechtfertigen. Sie schmälern letztlich nur Ihre Glaubwürdigkeit und die Wirkung Ihrer ganzen Rede, je länger sich die Diskussion um diesen Punkt dreht.

Pannen passieren, auch bei bester Vorbereitung. Geben Sie am besten offen zu – sobald Sie sicher sind, dass das, was der Zuhörer kritisiert hat, auch tatsächlich falsch ist –, dass Ihnen ein Fehler unterlaufen ist. Prüfen Sie dann, ob der Fehler für den Gesamtgedankengang, den Sie gerade darlegen, wesentlich ist oder ob er nur bei einem Teilaspekt eine Rolle spielt. Setzen Sie anschließend Ihren Vortrag fort, wobei Sie natürlich den Fehler berücksichtigen. In 90 Prozent aller Fälle ist das möglich, da bei guter Argumentation lediglich der sachliche Beweis eines Einzelarguments leidet. Der anschaulich-beispielhafte Teil des gleichen Arguments bleibt davon unberührt. Somit kann der Vortrag in seiner Gesamtheit noch unbeschadet zu Ende gebracht werden.

WENN ALLES INS WANKEN GERÄT

Sollte es tatsächlich einmal dazu kommen, dass ein Zuhörer Ihre Argumentation in Bezug auf die Fakten widerlegen kann und der ganze Vortrag damit in Gefahr gerät, gehen Sie so vor: Erklären Sie, dass Sie den Zusammenhang beziehungsweise den Fehler noch nicht klar erkennen und diesen Punkt daher im Anschluss an den Vortrag mit dem Zuhörer gemeinsam nochmals prüfen wollen. Verschieben Sie also die Auseinandersetzung mit seinem Einwurf auf später und setzen Sie Ihre Rede fort. Schränken Sie in einer solchen Situation ganz bewusst die Entfaltungsmöglichkeit des Zuhörers ein, denn mit der Bereitschaft zur Prüfung im Anschluss zeigen Sie trotzdem Ihre Souveränität. Setzen Sie darauf, dass es Ihnen gelingt, die anderen Anwesenden mit Ihrem Vortrag zu überzeugen. Wenn Sie dann am Ende der Rede den nachfragenden Zuhörer öffentlich bitten, Ihnen den Zusammenhang noch einmal zu erläutern, kann Ihnen keiner etwas nachsagen. Die anderen Teilnehmer nehmen an diesem Gespräch zwar nicht teil, empfangen aber das Signal, dass Sie bewusst keine möglicherweise wichtigen Punkte ignorieren. Mit diesem Verhalten haben Sie trotz Fehler ein hohes Maß an Glaubwürdigkeit und persönlicher Kompetenz bewiesen.

Lassen Sie sich nicht provozieren

Hin und wieder werden Sie erleben, dass Diskussionen nicht sachlich, sondern auf einer persönlichen Ebene geführt werden. Das führt in Vorträgen und Präsentationen dazu, dass Zwischenrufe unter der Gürtellinie platziert werden und die eigentliche Absicht der Fragenden nicht auf eine inhaltliche Klärung abzielt. Vielmehr geht es dann darum, Sie persönlich zu diskreditieren oder von Ihrem roten Faden abzubringen. Die Faustregel für derartige Situationen lautet: Lassen Sie sich nicht provozieren. Deeskalieren Sie die Situation, bevor Sie durch unüberlegtes Handeln die Sympathien der anderen anwesenden Zuhörer verlieren. Um Ihnen dabei zu helfen, habe ich in der folgenden Tabelle einige typische Angriffe und mögliche Reaktionen aufgelistet.

 UMGANG MIT ANGRIFFEN UND PROVOZIERENDEN FRAGEN

Störung	Reaktion
● Sie haben doch gar keine Ahnung! ● Von jemandem wie Ihnen war natürlich nichts anderes zu erwarten! ● Sie Dummkopf! ● Kehren Sie doch erst einmal vor Ihrer eigenen Tür! ● Hört, hört. ● Wie immer, die alte Leier!	Häufig ist die beste Reaktion keine Reaktion. Lächeln Sie den Angreifer an und signalisieren Sie damit, dass Sie seine Absicht wahrgenommen haben. Sprechen Sie dann ganz normal weiter. „Unrat vorbeischwimmen lassen", so lautet hier das Motto. Auf keinen Fall sollten Sie sich verteidigen oder rechtfertigen, denn dann hat der Angreifer sein Ziel, Sie von Ihrer Rede abzulenken, erreicht. Manchmal ist es auch sinnvoll, den Angreifer freundlich um einen sachlichen und höflichen Umgangston zu bitten. Damit stellen Sie sein Verhalten vor der Gruppe bloß. Handelt es sich um einen hartnäckigen Angreifer, der wiederholt von diesen Techniken Gebrauch macht, können Sie auch eine Spur härter reagieren. Es ist dann legitim, dass Sie vor der Gruppe seine Technik der persönlichen Herabsetzung ansprechen und darauf hinweisen, dass Sie begriffen haben, worum es ihm geht. Sagen Sie am Ende, dass er deswegen künftig nicht mehr in der zur Genüge bekannten Form reagieren muss.

Können Sie das beweisen?	Generell ist es gut, wenn Sie auf Fragen kurz und knapp reagieren, um keine zusätzlichen Angriffsflächen zu bieten. Beantworten Sie eine Ja-Nein-Frage daher am Besten schlicht mit Ja oder Nein.
Wie kommen Sie denn darauf?	Manche Fragen werden zwar in einem provozierenden Tonfall gestellt, sie entpuppen sich bei sachlicher Betrachtung aber als Hilfe für den Redner. So ist die nebenstehende Frage geradezu eine Einladung, die eigenen Argumente weiter zu konkretisieren und damit den eigenen Worten Nachdruck zu verleihen. Danke an den Frager, möchte man hier beinahe ironisch sagen.
Das haben wir schon öfter so versucht, und nie hat es geklappt.	Ferner sollten Sie versuchen, alles, was nach Provokation klingt, zu versachlichen und gegebenenfalls umzudeuten. Direkte, kurze und präzise Antworten bremsen den Angreifer aus. Hier könnte zum Beispiel eine Umdeutung dahingehend erfolgen, dass Sie den Zwischenruf als positive Unterstützung werten und wie folgt reagieren: „Ja, und ich sehe, es ist Ihnen ein Anliegen, die Sache nun erfolgreich voranzubringen und die Fehler aus der Vergangenheit zu vermeiden. Und deswegen …" (Fortsetzung der Rede).

Vielleicht wundern Sie sich, dass ich Ihnen noch keine echten Schlagfertigkeitstechniken nahegelegt habe. Das hat damit zu tun, dass es in der Praxis in den meisten Fällen sinnvoller und für den Redner leichter ist, den Ball flach zu halten, als ihn hoch nach vorne zu spielen. Denn in jeder extremen Situation können extreme Reaktionen vom „Gegner" und/oder vom Publikum kommen. Daher bedenken Sie die Konsequenzen, bevor Sie sich entscheiden, einen Kampf auszutragen.

Ein geschulter Redner wird sich darauf nur einlassen, wenn er sieht, dass sich der Kampf rhetorisch gewinnen lässt, und wenn er die Konsequenzen aus der Niederlage seines Gegners sicher beurteilen kann. Gerade der zweite Punkt spielt im Alltag eine wesentliche Rolle. Was hilft es Ihnen, wenn Sie in der Redesituation auf Kosten eines Widersachers geglänzt haben, Ihr Vorschlag verabschiedet wurde, Sie aber bei der Umsetzung wiederum von Ihrem Widersacher abhängig sind? Diese Frage ist eine rhetorische. Sie haben nichts gewonnen, wenn er Ihnen anschließend Ihr Projekt sabotiert. Bedenken Sie also bei Ihrer Reaktion stets die Folgen, die ja häufig über die Redesituation hinausreichen.

Reagieren Sie strategisch

In kontrovers verlaufenden Diskussionsrunden ist zu beobachten, dass es immer wieder Zuhörer gibt, die generelle Überlegungen, die der Redner angestellt hat, durch Einzelbeispiele widerlegen. Die meisten Redner versuchen nun, diese eine Person zu überzeugen, indem sie ihr den Fehler in ihrem Gedankengang nachweisen wollen. Allerdings wird dadurch der Widerstand nur noch mehr angeheizt. Die richtige Reaktion wäre in einer solchen Situation, den Einzelfall als solchen zu akzeptieren und sich anschließend auf die allgemeine Ebene nach oben zu begeben (up junking).

Allgemeine Ebene (Redner)

Einzelfallebene (Angreifer)

Genau umgekehrt stellt es sich dar, wenn einer der Zuhörer versucht, anhand genereller Überlegungen die Argumentation des Redners zu unterwandern. Das geschieht meist nach dem Motto: „Global betrachtet macht das doch gar keinen Sinn." In einem solchen Fall sollte der Redner die globale Betrachtungsweise zunächst einmal hinten anstellen, ohne sie zu negieren, und dann herausarbeiten, dass es bei seinem Ansatz um eine lokale Betrachtungsweise geht. Der Redner wendet sich also von der allgemeinen Ebene weg der Einzelfallebene zu (down junking).

Allgemeine Ebene (Angreifer)

Einzelfallebene (Redner)

Bleiben Sie auf sicherem Terrain

Nicht gerade selten kommt es vor, dass ein Redner einer Frage zwar nicht ganz ausweichen kann, aber nicht ins Detail gehen möchte, weil er sich damit auf unsicheres Terrain begeben würde. In einem solchen Fall ist die Touch-Turn-Talk-Reaktion ein möglicher Ausweg. Bei dieser Technik geht der Redner in drei Schritten vor:

- Schritt 1 (Touch): Der Redner nimmt die Frage auf und wiederholt sie in eigenen Worten. Gegebenenfalls ergänzt er noch kleine, ausschmückende Details. Damit hat er das Thema ausreichend berührt.

- Schritt 2 (Turn): Nun stellt der Redner den Zusammenhang zwischen dem ursprünglichen Einwurf und seiner eigenen Thematik her. Dabei geht es nur darum zu verknüpfen, nicht tiefer gehend logisch zu untermauern. Für die Zuhörer muss deutlich werden, dass ein Zusammenhang besteht.

- Schritt 3 (Talk): Der Redner konzentriert sich voll auf sein eigentliches Thema, ohne nochmals auf den Einwurf des Zuhörers zurückzukommen. Er ignoriert ihn. Dabei ist es hilfreich, wenn sich der Redner auch visuell auf die anderen Zuhörer konzentriert. So verhindert er, dass er beim Teilnehmer, der den Einwand ursprünglich eingebracht hat, durch zu intensiven Blickkontakt eine „Nachfass-Reaktion" auslöst.

Touch-Turn-Talk ist eine beliebte Technik für Interviews, wenn jemand lästigen Fragen ausweichen möchte.

Setzen Sie Ihre Emergency-Checkliste ein

Neben den Störungen, die das Publikum in die Redesituation hineinbringt, tauchen gerade bei PowerPoint-Präsentationen immer wieder technische Pannen auf, die die Situation für den Redner und sein Publikum unangenehm werden lassen. Piloten bereiten sich auf technische Pannen so vor, dass sie vor dem Start das Verhalten im Notfall nochmals laut miteinander durchsprechen. Mit diesem „Emergency-Briefing" werden die notwendigen Handgriffe mental durchgespielt, rücken dadurch ins Bewusstsein und sind im Notfall schnell abrufbar. Außerdem werden dadurch die Zuständigkeiten im Cockpit geklärt, und es entsteht kein Zeitverlust durch Abstimmungsschwierigkeiten in einer Notsituation.

Da die meisten technischen Störungen in PowerPoint-Präsentationen vorhersehbar sind, schlage ich Ihnen vor, dass Sie sich ähnlich wie Piloten auf die Situationen vorbereiten und für die verschiedenen Störungsfälle angemessene Maßnahmenpläne vorbereiten. Lassen Sie sich in solchen Fällen nicht von einem vermeintlichen Experten helfen. Denn in der Regel verschlimmert sich das Problem und es fällt meist schwer, einen freundlichen Menschen zu stoppen, der verzweifelt versucht zu helfen.

IHRE EMERGENCY-CHECKLISTE

Problem	Reaktion
● Die nötige Technik steht nicht zur Verfügung. ● Der Raum ist für den geplanten Technikeinsatz nicht geeignet, ein anderer Raum steht nicht zur Verfügung. ● Die Technik fällt komplett aus und ist sicher nicht wieder funktionsfähig zu machen.	Bereiten Sie sich im Vorfeld darauf vor, dass Sie den Vortrag auch frei ohne Medienunterstützung halten können. Sofern Sie Ihren roten Faden klar definiert und beim Schmücken der Rede nicht nur auf PowerPoint gesetzt haben, sollte das möglich sein. In jedem Fall sollten Sie im Vorfeld einen Ausdruck Ihrer Rede als eigenes Manuskript erstellen und mitnehmen. Eventuell können Sie die Zuhörer auch anhand eines gedruckten Handouts durch die Präsentation führen. Im Notfall vertagen Sie den Vortrag.
PowerPoint/Windows stürzt ab	In dieser Situation ist schnelles und gezieltes Handeln erforderlich. Schätzen Sie ein, wie viel Zeit Sie zur Problembehebung benötigen werden. Die Faustregel lautet in einem solchen Fall: Lassen Sie Ihr Publikum nicht länger als zwei Minuten warten, bevor Sie Ihre Präsentation fortsetzen. Konkret bedeutet das: Versuchen Sie, den Absturz der Präsentationssoftware durch einen erneuten Aufruf zu beheben. Ein Neustart des Betriebssystems ist hingegen nicht möglich. Sollte er aber notwendig werden, legen Sie besser eine Kaffeepause ein oder setzen die Präsentation ohne Medienunterstützung fort.

Ihre Funkmaus fällt aus.	Platzieren Sie Ihr Notebook in jedem Fall so, dass Sie im Notfall auch ohne Funkmaus präsentieren können.
In PowerPoint eingebundene Filme werden nur ruckelnd abgespielt.	Da hier in der Regel das System überlastet ist, sollten Sie nicht versuchen, den Fehler während des Vortrags zu beheben. Überspringen Sie die Folien mit den Filmen, indem Sie auf der Tastatur die Nummer der nächsten Folie eingeben und das mit Enter/ Return bestätigen.
Ihre Equipment lässt sich nicht mit dem vorhandenen Beamer verbinden (vor der Präsentation).	Sollten Ihre gewohnten Handgriffe zur Verbindung der Technik nicht funktionieren, informieren Sie sofort einen Techniker, der sich mit der zur Verfügung gestellten Technik auskennt. Experimentieren Sie nicht weiter, denn dadurch verschlimmert sich in der Regel der Zustand. Für den Techniker wird es schwieriger, den Fehler einzugrenzen.
Die Darstellung Ihrer Folien über den Beamer ist in den Kontrasten und der Farbdarstellung verfälscht.	Vermutlich hat ein Vorredner die Einstellungen am Beamer verändert. In der Regel lassen sich die Standardeinstellungen durch Betätigen der Resettaste wieder herstellen. Dieser Vorgang führt im Normalfall zu einer ausreichenden Verbesserung, ohne dass Sie sich durch die Menüs des Beamers kämpfen müssen.
Auf der projizierten Fläche werden nur Teile Ihrer Folie angezeigt.	Stellen Sie Ihr Notebook auf eine Auflösung von 1.024 x 768 Bildpunkte ein und lassen Sie den Beamer dann nochmals synchronisieren. Da diese Auflösung von nahezu allen Beamern richtig umgesetzt werden kann, ist damit Ihr Problem schnell gelöst.

Zur Anregung: Beispielreden

Um Ihnen den Einstieg in die systematische Rede zu erleichtern, habe ich auf den folgenden Seiten einige Beispielreden zusammengestellt, die nach den in diesem Buch vorgestellten Mustern aufgebaut sind. Orientieren Sie sich daran und holen Sie sich Anregungen, wenn Sie eigene Vorträge und Präsentationen vorbereiten.

Sachvorträge

Die Struktur von Sachvorträgen ist optimal für Vorträge in Verbindung mit PowerPoint geeignet, da die logische aufeinander aufbauende Abfolge von Gliederungspunkten im Mittelpunkt steht. Die folgenden Beispiele zeigen dies nochmals sehr deutlich und greifen die wesentlichen Punkte wie Gestaltung des Einstiegs, Kernaussagen und Bezug zum Anfang wieder auf.

Vortrag vor dem Management zur Einführung eines Ideenmanagements

„Meine Damen und Herren, angenommen jemand käme heute auf Sie zu und böte Ihnen 70.000 Euro an, einfach so, weil er der Meinung ist, Ihnen stünde dieses Geld zu: Würden Sie ablehnen, tatsächlich ablehnen – oder würden Sie nicht vielmehr das Geld annehmen und dem Überbringer einen Teil der Summe als Belohnung anbieten?

Guten Tag meine Damen und Herren, Herr Dr. Walterhorn, ich glaube die Antwort auf meine Frage kann ich Ihren Gesichtern entnehmen. Ich begrüße Sie herzlich und freue mich, Ihnen heute meinen Vorschlag zur Zukunftssicherung unseres Unternehmens mit dem Titel ‚Ideenmanagement oder warum es nicht reicht, wenn nur der Chef gute Ideen hat' zu unterbreiten.

Ich bin ... (Selbstvorstellung). Im Einzelnen werde ich heute über die folgenden Punkte sprechen:

- Was sind die Grundlagen für ein erfolgreiches Ideenmanagement in Industriebetrieben?

- Wodurch wird Ideenmanagement zu einem Motivationsfaktor für die Mitarbeiter?

- Wie rechnet sich Ideenmanagement?"

Kommentar: Über die fiktive Geschichte am Anfang sorgt der Redner für Aufmerksamkeit. Daraufhin folgt die Begrüßung der Anwesenden unter besonderer Berücksichtigung des Vorstands Herr Dr. Walterhorn. Die Selbstvorstellung kann in einer bekannten Runde entfallen. Ist jedoch der Redner einem der Anwesenden noch unbekannt, muss dieser Part zumindest in kurzer Form eingebaut werden. Die sich anschließende Gliederung sollte in jedem Fall über ein Medium visualisiert werden. Beim typischen Vortrag vor dem Management geschieht das mithilfe einer PowerPoint-Folie.

„Was sind die Grundlagen für erfolgreiches Ideenmanagement?

Stellen Sie sich einmal vor, welche Auswirkungen es auf die Motivation eines Mitarbeiters hat, wenn er eine Idee zur Verbesserung eines Ablaufs an seinem Arbeitsplatz einreicht, dann lange Zeit nichts hört und schließlich beobachtet, wie seine Idee umgesetzt wird – die Lorbeeren dafür heimst jedoch sein Chef ein. Oder stellen Sie sich vor, wie der Chef eine gute Idee einfach in der Schublade verschwinden lässt, weil er fürchtet, er würde damit selbst als unfähig vor seinen Vorgesetzten dastehen.

Wenn Sie sich diese Situationen vergegenwärtigt haben, dann wird Ihnen sicher deutlich, dass erfolgreiches Ideenmanagement von einer Atmosphäre des Vertrauens und der Offenheit lebt. Wenn der Dialog über Ideen nicht von Misstrauen und möglichen Negativfolgen geprägt ist, wenn ein echtes Interesse am Austausch besteht, dann hat Ideenmanagement eine Chance.

Doch meine Damen und Herren: Wie sieht die in unserem Unternehmen gelebte Praxis aus? Ich bin sicher, dass es in vielen Fachbereichen und Abteilungen noch immer die Kultur gibt, dass gute Ideen nur von oben kommen. Doch denken Sie an das Thema Motivation: Ideen gedeihen nur in einem Klima von Offenheit und Vertrauen."

Kommentar: Den ersten Gliederungspunkt durch eine Frage einzuleiten ist sinnvoll, vor allem wenn diese Technik fortgeführt wird, um weitere Redeabschnitte kenntlich zu machen. Das Wesentliche daran ist, dass er kurz gehalten wird. Idealerweise erfolgt dieser Teil der Rede vollständig ohne PowerPoint-Unterstützung.

„Doch reicht das? Ist alleine der Austausch von und der Dialog über Ideen Motivationsfaktor genug für die Mitarbeiter?

Sicher nicht! Ideenmanagement wird für den Mitarbeiter erst dann zu einem Motivationsfaktor, wenn auch er und nicht nur das Unternehmen davon profitiert. Aus diesem Grund ist es notwendig, dass Sie sich auch über das Thema Prämien Gedanken machen.

Die Höhe der üblichen Prämien ist schwer zu beziffern. Sie schwankt von Branche zu Branche – in der chemischen Industrie oder im Bereich der Telekommunikation werden teilweise sechsstellige Summen bezahlt –, hat sich aber im branchenübergreifenden Durchschnitt bei circa 20 bis 35 Prozent des Nutzenpotenzials für den Arbeitgeber eingespielt.

Sie können sich sicher gut vorstellen, welchen Motivationsschub eine solche Prämie für den Mitarbeiter am Band bringt, der sich dank dieser Sonderzahlung den lang gehegten Traum eines Karibikurlaubs mit Familie endlich erfüllen kann.

Daher: Ideenmanagement taugt dann zur Mitarbeitermotivation, wenn die Mitarbeiter finanziell am Erfolg der jeweiligen Idee beteiligt werden."

Kommentar: In dieser Passage wird inhaltlich argumentiert. Das kommt insbesondere durch die faktische Darstellung im Mittelteil – die bei dieser Art des Vortrags ebenfalls mit Charts über PowerPoint dargestellt werden sollte – und die klare Kernaussage zum Ausdruck. In der Praxis können Sie den faktischen Teil ruhig erweitern, sodass je nach Länge des Vortrags auch mehr als eine Folie eingesetzt werden kann. In der Regel gewinnen Sie jedoch über die Kürze und über prägnante Folien, die das Wesentliche auf den Punkt bringen. Denn das ist es, was die Zielgruppe Management im Normalfall von Ihnen erwartet.

„Jetzt jedoch werde ich auf den Punkt eingehen, der für Sie alle von besonderem Interesse ist: Wie rechnet sich Ideenmanagement?

Bereits 1872 hat Alfred Krupp Ideenmanagement eingeführt, weil er überzeugt war, dass die Beteiligung der Mitarbeiter an der Lösung von unternehmerischen Problemen dem Unternehmen nützen würde.

Die Audi AG setzt seit 1947 auf Ideenmanagement und erhält im Rahmen des ‚Audi Ideen Programms‘ jährlich circa 55.000 Ideen von Mitarbeitern. Im Jahr 2000 brachten diese dem Unternehmen einen Gesamtnutzen von rund 17 Millionen Euro. Meine Damen und Herren, 17 Millionen Euro – eine Wertschöpfung, die im Unternehmen selbst erfolgte, ganz ohne teure Berater, allein durch die Ideen der Mitarbeiter!

Jetzt frage ich Sie: Auch wenn wir nicht Audi sind, wie viele Ideen stecken wohl in unseren Mitarbeitern, die für uns bares Geld bedeuten könnten und an denen Sie bisher achtlos vorbeimarschiert sind?

Machen Sie künftig die Augen auf und tun Sie es Audi nach: Vielleicht sind es keine 17 Millionen, vielleicht auch keine zehn Millionen, aber meine Rechnung zeigt, dass in unserem Unternehmen 2,5 bis drei Millionen Euro jährlich darauf warten, von Ihnen mobilisiert zu werden."

> Kommentar: An der Ergebnisrechnung ist der Zuhörerkreis mit Sicherheit besonders interessiert. Da die vorherigen Ausführungen insgesamt kurz waren, trägt der Spannungsbogen bis zu diesem dritten Redeabschnitt. Die Fakten und die Berechnungen sollten in jedem Fall über Folien visualisiert werden, damit die Zuhörer die Wertigkeit schwarz auf weiß nachvollziehen können.

„Ich fasse die Punkte nun nochmals zusammen:

Ideenmanagement braucht Offenheit und Vertrauen, motiviert über Prämien die Mitarbeiter und bringt unserem Unternehmen circa 2,5 Millionen eingesparte Kosten.

Wenn heute also wieder jemand zu Ihnen kommt und Ihnen 70.000 Euro anbietet, dann machen Sie es wie die Verantwortlichen bei der BMW Group: Sie zahlten dem Mitarbeiter eine Belohnung von rund 16.000 Euro und freuten Sie über den großen Nutzen für das Unternehmen.

Meine Damen und Herren, Dr. Walterhorn: Ideenmanagement ist die Zukunft für unser Unternehmen, beschließen Sie diese Zukunft und geben Sie mir Ihr Go zur Einführung von Ideenmanagement!"

Kommentar: Im Schlussteil sind die wesentlichen drei Aspekte nochmals auf den Punkt gebracht, ohne dass der Redner ausschweifend wird. Diese drei Aspekte könnten ebenfalls als Zusammenfassung auf einer Folie abgebildet werden. Der Bogen zur Anfangsgeschichte ist geschlossen und der Appell ist deutlich und persönlich formuliert. Länger sollten Sie den Schluss Ihrer Rede auf keinen Fall gestalten.

Prozessvorstellung vor Kollegen

„Ich werde Euch heute den neuen Serviceprozess vorstellen. Schön, dass Ihr es alle pünktlich geschafft habt, Euch aus dem Tagesgeschäft loszueisen."

Kommentar: Wie bei vielen internen Veranstaltungen kommt der Redner ohne Umschweife zur Sache. So etwas ist möglich, unterscheidet sich jedoch kaum von anderen alltäglichen Vorträgen.

„Auf die folgenden Punkte werde ich jetzt eingehen.

(Übersichtsfolie)

1   Das neue Ticketsystem

2   Auswirkungen der Service Level Agreements (SLAs)

3   E-Mails im Prozess

4   Next Steps

Punkt 1: Das Ticketsystem ersetzt ab kommenden Montag die beraterorientierte Bearbeitung.

(Folie mit Titel und Diagramm)

Mit dieser Aussage bin ich gleich bei der zentralen Botschaft, die Ihr bitte in Eure Teams mitnehmt. Ab kommenden Montag werden Service-Requests (SR) der Kunden nur noch über das neue Ticketsystem bearbeitet. Hintergrund hierfür ist, dass wir dann nach unserer Planung ab Oktober ein sauberes System haben, in dem die einzelnen Requests unabhängig von dem Servicemitarbeiter, der dem Kunden ursprünglich zugeordnet war, weiterbearbeitet werden können.

Das ergibt sich aus der Zahl der derzeit laufenden SRs und der durchschnittlichen Laufzeit, die ein SR in den letzten Jahren hatte. Auf diesem Chart könnt Ihr sehen, wann der Punkt erreicht ist, an dem die Mehrzahl der Anfragen über das neue System abgewickelt wird.

Ich bitte Euch, dass Ihr all Euren Leuten das Thema dringlich nahebringt, denn Ihr könnt Euch sicherlich vorstellen, wie sich die Kurve nach hinten verschiebt, wenn nicht jeder ab sofort ausschließlich mit dem System arbeitet.

Wie werden die SRs künftig bearbeitet? Sobald einer unserer Mitarbeiter per E-Mail oder per Telefon einen SR entgegennimmt, legt er den Request im System an. Dadurch wird automatisch ein Ticket mit einer Nummer erzeugt, die dann dem Kunden als Empfangsbestätigung seiner Anfrage mit einer automatisch generierten E-Mail geschickt wird. Die individuelle E-Mail-Adresse der Servicemitarbeiter taucht nicht, ich wiederhole nicht mehr auf und darf zukünftig dem Kunden auch nicht mehr mitgeteilt werden!

Im weiteren Verlauf der Bearbeitung erhält der Kunde stets automatisch generierte Mitteilungen über den Status seines Requests, sobald eine Aktion von einem unserer Servicemitarbeiter stattgefunden hat und im System dokumentiert wurde. Damit wird dem Kunden gegenüber dokumentiert, dass seine Anfrage in Bearbeitung ist, Rückfragen seitens des Kunden werden minimiert.

Ist ein SR endgültig abgeschlossen, wird das Ticket als erledigt markiert. Es kann zwar aufgerufen werden, wenn es noch Nachfragen gibt, lässt sich aber nicht mehr verändern. Damit stellen wir sicher, dass auch im Nachhinein noch nachvollziehbar ist, welche Mitarbeiter in die Problemlösung einbezogen waren.

So viel zu Punkt 1, ab Montag geht es mit dem Ticketsystem los. Welche Fragen habt Ihr zu dem System an sich?"

(Schwarze Folie)

Kommentar: Sinnvollerweise wird der Vortrag durch Folien unterstützt, auf denen beispielsweise die Mitteilungen an den Kunden abgebildet sind. Für ein Meeting, in dem mit Zwischenfragen zu rechnen ist, sollten Sie, so wie in diesem Beispiel dargestellt, nach jedem Abschnitt schwarze Folien einfügen. Damit geben Sie die Möglichkeit zur Diskussion, können aber jederzeit durch einen Klick und eine Überleitung zum nächsten Punkt die Rede fortsetzen.

„Ja, diese Frage führt mich direkt zu Punkt 2: Welche Auswirkungen haben die SLAs auf den Prozess?

Unsere Kunden haben, wie Ihr wisst, drei unterschiedliche SLAs.

(Übersichtsfolie)

- Wer den Premium-Level abgeschlossen hat, hat eine Reaktionszeit von vier Stunden und maximal 24 Stunden Bearbeitungszeit bis zur Lösung garantiert.

- Auf dem First-Level haben wir zwölf Stunden Reaktionszeit und 72 Stunden Bearbeitungszeit bis zur Lösung.

- Im Standardlevel haben wir eine Garantie, dass Probleme innerhalb von sieben Werktagen beseitigt werden.

Die Service-Level sind dem Kunden im System zugeordnet. Das heißt, sobald eine Anfrage eingepflegt wird, erkennt das System automatisch, welchen Level die Anfrage hat, und priorisiert sie entsprechend. Über das System wird automatisch geprüft, welcher Mitarbeiter im Augenblick welche Anzahl an SRs bearbeitet und wie viel Zeit für die jeweilige Bearbeitung seit Eingang verwendet wurde. Das Ergebnis wird mit der jeweils zugrunde liegenden SLA abgeglichen. Die Anfragen werden dann zur Bearbeitung automatisch den Servicemitarbeitern zugeordnet, die über Kapazitäten verfügen. Die Priorisierung für den Servicemitarbeiter erfolgt daher über das System und nicht mehr in Eigenverantwortung wie bisher.

Ich habe das auf der Folie nochmals nachvollziehbar an einem Beispiel dargestellt.

Und um die Frage von vorhin nun abschließend zu beantworten:

- **Endlich** leisten wir die im SLA unseren Kunden garantierten Leistungen tatsächlich.

- **Endlich** haben die Servicemitarbeiter keine Chance mehr, über individuelle Gewichtungen ‚versehentlich‘ von den vertraglich vereinbarten Leistungen abzuweichen.

- Und **endlich** sind wir in der Lage, eine vernünftige Kapazitätsplanung im Servicebereich zu erstellen, da der gesamte Prozess transparent wird."

(Schwarze Folie)

> Kommentar: Durch die Verwendung der Anapher am Ende dieses Abschnitts sorgt der Redner für einen anderen Rhythmus, der den Sachverhalt ein wenig überhöht darstellt. Durch die sich anschließende schwarze Folie und die Pause wird eine erneute Diskussion provoziert. Wenn Sie so verfahren, steuern Sie den Interaktionsprozess aktiv und sorgen dafür, dass genau dann Fragen gestellt werden oder Diskussionen entstehen, wenn Sie es für richtig halten.

„Punkt 3: Ab Oktober werden sämtliche E-Mail-Adressen geändert.

Ich höre Euer Stöhnen und die Frage, muss das denn sein? Die Antwort lautet ja, es muss sein. Denn Ihr kennt Eure Pappenheimer und vor allem kennt Ihr die Kunden. Wenn zwischen einem Servicemitarbeiter und einem Kunden eine gute Beziehung aufgebaut wurde und der Kunde womöglich besser und schneller betreut wird, als es seinem SLA entspricht, dann wird er versuchen, den Servicemitarbeiter auch künftig über die ihm bekannten Kontaktkanäle zu erreichen, und damit das Ticketsystem außer Kraft setzen.

Ich glaube, ich brauche Euch dazu keine Beispiele aus der Praxis zu nennen, da seid Ihr näher an den Mitarbeitern und kennt die Fälle nur zu gut. Deswegen wird zum Stichtag hin jeder einzelne Mitarbeiter eine neue E-Mail-Adresse bekommen, die nicht für Serviceanfragen verwendet werden darf.

Nebenbei: Wir werden auch anstelle der direkten Durchwahl eine Poolnummer schalten, die künftig veröffentlicht wird. Die Einzelapparate werden dann nach Spracheingabe der Ticketnummer automatisch angewählt. Die bisher gültigen individuellen Durchwahlen werden damit zum 1. Oktober ebenfalls abgeschaltet.

(Folie mit der neuen Namensauflösung in den E-Mail-Adressen und der Poolnummer)

Fazit: Soweit es sich sicherstellen lässt, werden wir über die begleitenden Maßnahmen zur Einführung des Ticketsystem dafür sorgen, dass Sonderwege unserer Kunden künftig unterbunden werden und sie nur noch die Leistungen abrufen können, die sie mit uns vertraglich vereinbart haben."

Kommentar: Durch die beiden fett hervorgehobenen Stilmittel zu Beginn dieses Abschnitts, der **Sermocinatio** und der **Allusion**, erhöht der Redner die Emotionalität. Damit erreicht er zweierlei: Zunächst einmal greift er die emotionale Stimmung auf, in der sich die Teilnehmer zu diesem Zeitpunkt der Rede vermutlich befinden. Zudem führt die verstärkte Nutzung der Stilmittel dazu, dass die Aufmerksamkeit für den Vortrag erhalten bleibt.

„Was sind nun die nächsten Schritte?

Ich bitte Euch darum, dass Ihr Eure Mitarbeiter bis Freitag informiert und Ihnen das neue System erläutert. Bitte achtet darauf, dass jedem die Notwendigkeit klar wird, künftig sämtliche mit einem SR zusammenhängende Dokumente in das System einzutragen, damit ein anderer Servicemitarbeiter jederzeit die Möglichkeit hat, auf Grundlage dieser Informationen den Fall weiterzubearbeiten.

Ferner solltet Ihr in jedem Fall in den kommenden Wochen beobachten, wie die Mitarbeiter das System annehmen. Ich werde Euch noch eine ausführliche Beschreibung mailen, wie Ihr bezogen auf Eure Teams über das System individuelle Nutzungsprofile abfragen könnt. Solltet Ihr hier feststellen, dass Einzelne nicht aktiv genug umstellen, so greift bitte frühzeitig ein, damit wir den Oktobertermin halten können.

(Folie mit Screenshot zu den Auswertungstools)

Und schließlich ist es Eure Aufgabe, den Mitarbeitern den Rücken freizuhalten, wenn sich erste ‚verwöhnte' Kunden anfangen zu beschweren. Bitte teilt Euren Mitarbeitern mit, dass sie solche Telefonate direkt an Euch weiterleiten, denn Vertragsangelegenheiten solltet Ihr mit den Kunden besprechen und nicht die Kollegen im Service. Außerdem – und das ist ein entscheidender Punkt – habt Ihr dann die Möglichkeit, den Kunden direkt höherwertige SLAs anzubieten und somit direkt Umsatz zu generieren.

Also, auch für Euch und die next Steps gilt: Die Zeit läuft. Macht Euch ran."

> Kommentar: Im Wesentlichen hat dieser Absatz Appellcharakter und ist typisch für Reden, die in besprechungsähnlichen Situationen gehalten werden. Wer macht was bis wann?

„Gut, dann hätten wir's. Die Einführung beginnt ab Montag, die SLAs werden künftig systemgestützt konsequent umgesetzt, ab Oktober verlieren die alten E-Mail-Adressen ihre Gültigkeit und Ihr macht Euch an die Aufgabe, die Mitarbeiter an das neue System heranzuführen.

So sieht unser neuer Serviceprozess aus. Ich bin sicher, mit Eurer Unterstützung wird die Einführung ein Erfolg."

> Kommentar: Mit einer klassischen Zusammenfassung sowie einem knappen suggestiv-impliziten Appell endet der Vortrag. Idealerweise wird diese Zusammenfassung ebenfalls durch eine Folie gestützt, damit auch im Foliensatz der Bogen zum Anfang gespannt ist.

Vortrag anlässlich eines Qualitätsproblems

„Wir bekommen das Qualitätsproblem sicher in den Griff!

Guten Tag meine Damen, meine Herren. Ziel unseres heutigen Meetings ist es, einen Weg zu verabschieden, der sicherstellt, dass wir unsere momentanen Qualitätsprobleme in den Griff bekommen.

Dazu werde ich in meinem Vortrag die folgenden Punkte ansprechen:

(Folie)

1 Eingrenzung des Fehlers

2 Aktuell laufende Maßnahmen

3 Empfehlung für das weitere Vorgehen"

Kommentar: Hier haben wir eine kurze, positive Anfangsaussage, die die Zuhörer in Richtung Lösung führt. Das anschließend genannte Ziel ist gleichzeitig das Meetingziel, es wird deutlich, dass der Vortrag nur den Auftakt zur anschließenden Diskussionsrunde darstellt, ohne dass dies explizit gesagt werden muss.

„Zu Punkt 1 – Fehlereingrenzung.

(Zwei Folien)

Wir haben die beanstandeten Teile untersucht und festgestellt, dass zwei verschiedene Fehlerursachen vorliegen. Wie Sie auf dieser Elektronenmikroskopaufnahme sehen können, finden sich Einschlüsse von Fremdkörpern, die einen Kurzschluss verursachen. Dieser Fehler deutet auf eine Verunreinigung in der Fertigung hin.

Anders sieht es hingegen bei der zweiten Fehlerursache aus. Hier wird der aufgetretene Fehler unseren bisherigen Erkenntnissen nach durch ein Designproblem ausgelöst. Unter Vollauslastung überhitzt der Chip und es kommt zu temporären, zeitlich begrenzten Ausfällen, bis eine automatische Abkühlung eingetreten ist. Daher ist dieser Fehler in den Werkstätten oft nicht zu diagnostizieren gewesen, denn bis zur Untersuchung war der Chip ausgekühlt und der Fehler damit nicht mehr nachweisbar.

Wir haben es also mit zwei unterschiedlichen Ursachen zu tun, die getrennt voneinander zu betrachten sind."

Kommentar: Die kurze, präzise und sachliche Darstellung wird durch zwei unterschiedliche Folien unterstützt, die von ihrer visuellen Wirkung her gegensätzlich aufgebaut sind (Bild und Diagramm). So wird die Aufmerksamkeit der Zuhörer aufrechterhalten. Wenn sich der Vortrag an ein technisch orientiertes Publikum richtet, ist es gegebenenfalls noch sinnvoll, eine Phase für Diskussion und Nachfragen einzubauen, bevor Punkt 2 folgt.

„Ich komme damit zu Punkt 2, den aktuell laufenden Maßnahmen.

Was die Verunreinigungen angeht, ermitteln wir derzeit anhand von Stichproben aus den unterschiedlichen Serien, ob es sich um einen Einzelfall handelt, also lediglich eine verunreinigte Serie, oder ob das Problem wiederholt auftritt. Die Stichproben aus der laufenden Produktion haben keinerlei Hinweise auf ein Serienproblem ergeben. Meiner Ansicht nach können wir daher diesen Fehler getrost als Einzelfall zu den Akten legen, sollten keine weiteren derartigen Probleme auftauchen.

Gravierender stellt sich das Problem der Überhitzung dar. Hier handelt es sich eindeutig um einen Designfehler, der nicht von heute auf morgen zu beheben sein wird. Wir haben daher die Hersteller darüber informiert, dass der Fehler auftauchen kann und im Augenblick nicht korrigierbar ist. Der Fehler kommt allerdings nur vor, wenn mehrere von unserem Produkt unabhängige Systeme im Fahrzeug versagen, zudem handelt es sich bei dem resultierenden Problem lediglich um einen Anzeigefehler. So konnten wir vereinbaren, dass die Hersteller ihre Werkstätten dahingehend informieren, dass sie den Kunden gegenüber lediglich über die ursächlichen Probleme in den anderen Systemen sprechen und dem Anzeigefehler momentan keine Aufmerksamkeit geben.

Damit haben wir aber lediglich Zeit gewonnen. Um genau zu sein: **drei Monate**, so die Vereinbarung mit den Herstellern, **lediglich drei Monate**.“

> Kommentar: Der Verzicht auf Folien in dieser Redepassage ist gut, denn über eine Visualisierung hätte sich keine Verstärkung der Inhalte erzielen lassen. Auch die Verwendung der **Redditio** in der abschließenden Kernaussage zum zweiten Abschnitt überzeugt. Denn damit bereitet der Redner den dritten Abschnitt vor, der Handlungsempfehlungen mit einer hohen Dringlichkeit enthält. Der enge Zeitrahmen ist allen bewusst, wenn es nun darum geht, Maßnahmen für die Zukunft zu vereinbaren.

„Punkt 3 – Empfehlungen für das weitere Vorgehen. Meine Damen, meine Herren. Aus meiner derzeitigen Perspektive und mit dem durch die Hersteller definierten Zeitrahmen sehe ich es als notwendig an, dass wir heute den Start des Redesign-Projekts für den UNE128 beschließen. Dabei sind folgende Rahmenbedingungen zu berücksichtigen:

(Folien mit Auflistungen, Zeitplänen etc. zur Visualisierung der Schritte)

Außerdem werden wir im Rahmen unserer Verträge mit den Kunden nicht umhinkönnen, diesen einen kostenfreien Austausch der bisherigen Bauteile gegen die neuen anzubieten. Ich schlage vor, dass wir den Herstellern ein Jahr lang die Möglichkeit einräumen, im Rahmen regulärer Serviceintervalle das Bauteil auszutauschen. Damit sparen sich die Hersteller und wir uns imageschädigende Rückrufaktionen und gleichzeitig können wir davon ausgehen, dass nicht alle Fahrzeuge an der Wechselaktion teilnehmen – die Vergangenheit zeigt, dass wir hier mit einer Größenordnung von 65 Prozent rechnen müssen –, was unseren Aufwand minimiert.

Meine Damen und Herren, ich sehe diesen Weg als gangbar und sinnvoll an, um unseren Schaden mit 65 Prozent Tauschteilen gering zu halten und gleichzeitig den Ansprüchen unserer Kunden gerecht zu werden."

Kommentar: Der Fokus dieser Rede liegt eindeutig auf den Maßnahmen zur Fehlerbeseitigung. Aus diesem Grund ist es sinnvoll, diesen Bereich verstärkt mit Folien auszustatten. Wichtig ist hierbei, zwischen Textfolien und Folien mit Charts und Zeitplänen zu wechseln, damit die Häufung am Ende nicht zu einer Abstumpfung der Zuhörer führt.

„Um nochmals zusammenzufassen: Den Verunreinigungsfehler können wir Stand heute vernachlässigen, letzte Untersuchungen laufen noch. Für den Designfehler müssen wir das Redesign anstoßen und das Austauschverfahren mit den Kunden vereinbaren.

Meine Damen, meine Herren. Ich bitte Sie darum, ausgehend von meinen Vorschlägen, das weitere Vorgehen im Detail abzustimmen und zu verabschieden. Nur so bekommen wir das Qualitätsproblem sicher in den Griff."

Vortrag zur Vorstellung eines neuen Projekts

„Arbeitgeber des Jahres 2014: Firma Wertmann & Söhne GmbH & Co. KG.

Meine Damen, meine Herren, das ist das Ziel unseres neuen strategischen Projekts. Als typisch mittelständischer Arbeitgeber in der Fertigungsindustrie wollen wir die begehrte Trophäe in fünf Jahren zu uns ins Haus holen.

(Quelle: http://www.topjob.de/documents_topjob/sinn_zweck.asp)

Herzlich willkommen zur Projektvorstellung TOP JOB 2014.
Anhand der folgenden Punkte werde ich Ihnen jetzt das Projekt vorstellen.

1   Notwendigkeit für das Projekt

2   Strategische Projektziele

3   Projektablauf

4   Zeitplan

5   Ressourcen"

Kommentar: Mit der Zielvorstellung des Projekts, die hier mit einem „Titelge-
winn" verbunden ist, gibt der Redner gleich die Richtung vor. Das Ziel im Rahmen einer solchen Präsentation voranzustellen und als Aufhänger zu gebrauchen sorgt außer für Aufmerksamkeit auch sofort für eine klare Orientierung.
Das ist ein empfehlenswerter Einstieg.

Aufgrund der sinkenden Geburtenraten und der damit verbundenen sinkenden Studentenzahlen werden immer weniger gut ausgebildete Akademiker dem Arbeitsmarkt zur Verfügung stehen. Diese potenziellen Bewerber konzentrieren sich laut einer vom Verlag des Vereins Deutscher Ingenieure (VDI) herausgegebenen Studie bei der Jobsuche außerdem auf Großunternehmen.

Eine Umfrage aus dem Januar 2007 mit knapp 7.000 Young Professionals aus den Ingenieur-, Natur- und Wirtschaftswissenschaften hat ergeben, dass sich Hochschulabsolventen bei der Arbeitgeberwahl stark von erfolgreichen Marken und Produkten leiten lassen, aber auch von einer zu erwartenden attraktiven Vergütung. Und die können – laut einer Studie des VDI – vor allem Großunternehmen bieten.

(Folie mit Umfrageergebnissen)

Die Gehälter in KMU – und hier bilden wir, wie Sie wissen, keine Ausnahme – liegen um durchschnittlich 20 Prozent niedriger.

Das heißt: Wenn wir einfach so weitermachen wie bisher, werden wir mittelfristig unter einem zunehmenden, mehr noch einem für uns kritischen Fachkräftemangel zu leiden haben.

Allerdings gibt es auch Aspekte, die Mut machen und **die Sie aus eigener Erfahrung hoffentlich bejahen können**: Die Wahl des zukünftigen Arbeitgebers hängt laut Umfrage auch von einer guten und vertrauenerweckenden Leitung, Innovation sowie sozialem Verantwortungsbewusstsein des Unternehmens und seiner Unternehmenskultur ab.

(Folie mit Umfrageergebnissen)

Nur – wenn niemand von diesen Stärken weiß, dann werden sie uns auch keine Bewerber bringen. Aus dieser Erkenntnis heraus resultiert das Projekt TOP JOB 2014."

Kommentar: Nach dem zahlenlastigen ersten Teil ist es wichtig, dass der Redner sein Publikum wieder zurückholt, sollten diese gedanklich abgedriftet sein. Dies gelingt ihm durch die persönliche, suggestive Ansprache, der lediglich eine weitere Folie folgt. Alternativ zu diesem faktengeprägten Einstieg könnten Sie in einer ähnlichen Situation auch den folgenden Abschnitt mit den Projektzielen voranstellen und dann erst die untermauernden Fakten nachliefern.

„Was also wollen wir mit diesem Projekt konkret erreichen?

Erst einmal geht es darum, unser Unternehmen mit einem guten Image in der Öffentlichkeit zu präsentieren. Dazu dienen die den Wettbewerb begleitende Pressearbeit, die Auszeichnung selbst, deren Bild wir in unseren Anzeigen ebenso wie auf unserer Internetseite verwenden können, und die im Rahmen des Projekts zu erarbeitenden Recruitingmaßnahmen, die den Wettbewerb begleiten und noch folgen werden. Dabei wird uns dieses Motto durch das Projekt und während der Realisierung leiten: ‚Wir sind gut – wir sind Sie wertMann!'

(Folie mit grafisch gestaltetem Slogan)

Daneben wollen wir ab sofort an den Wettbewerben teilnehmen und die Erfahrungen daraus nutzen, um unser Unternehmen weiterzuentwickeln. Die Auswertungen, die wir in den Jahren 2011 bis 2013 über die Teilnahmen an den Wettbewerben erhalten werden, liefern uns dazu wichtige Anhaltspunkte.

(Folie mit Ergebnissen des Benchmarks, siehe nächste Seite)

Durch die Universität St. Gallen werden die folgenden Punkte einer wissenschaftlichen Prüfung unterzogen:

- Führung & Vision

- Motivation & Dynamik

- Kultur & Kommunikation

- Mitarbeiterentwicklung & -perspektive

- Familienorientierung & Demografie

- Internes Unternehmertum

Anhand dieser Kriterien und der Benchmarkergebnisse werden im Rahmen des Gesamtprojekts Teilprojekte aufgesetzt, die unsere Optimierungspotenziale in den Bereichen verstärken.

In der Summe liefern uns die Wettbewerbe einen Rahmen für eine langfristig ausgerichtete strategische Unternehmensentwicklung. Und genau diese langfristige Denke zeichnet uns bei Wertmann schon seit dem Jahr 1952 aus."

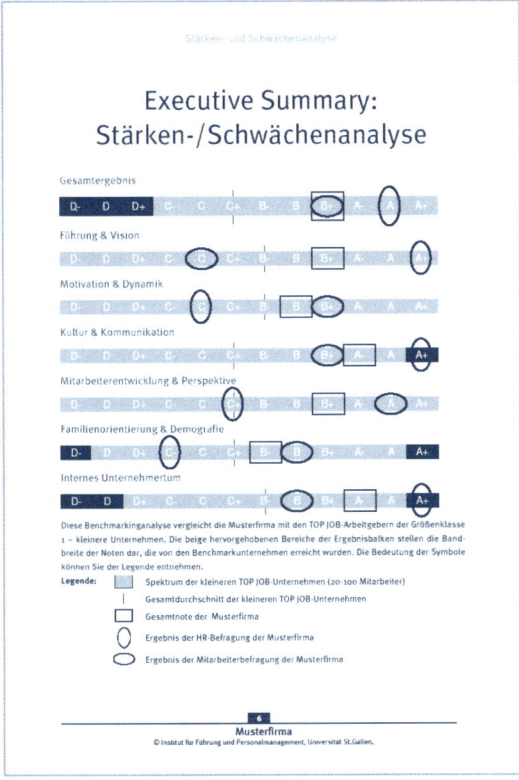

Folie zur Stärken- und Schwächenanalyse

Kommentar: Mit dem Slogan schafft der Redner ein hohes Maß an emotionaler Aufmerksamkeit in der mittleren Phase der Präsentation. Da dieser Slogan einen Höhepunkt darstellt, ist es in diesem Fall sinnvoll, dass der Redner sich dafür entschieden hat, die Projektziele erst im zweiten Redeabschnitt einzuführen. Hätte er den Slogan gleich im ersten Abschnitt benannt, quasi unmittelbar nach dem spektakulären Einstieg, hätte er weitaus weniger Wirkung erzielt und zudem den folgenden Teil noch stärker abfallen lassen.

„Wie sieht nun das Vorgehen im Projekt aus?"

(Folie mit Roadmap)

(Folie mit den personellen Ressourcen/dem Projektteam mit Bildern)

(Folien mit Budgetplanung)

> Kommentar: Dieser Teil ist relativ nüchtern, hier werden die Fakten zum Projekt präsentiert. Aus diesem Grund ist es wichtig, dass das Projektteam mit Gesichtern auf den Folien abgebildet ist und nicht nur namentlich genannt wird. Somit gibt es zumindest einen kleineren Höhepunkt in der visuellen Präsentation der Rahmenbedingungen.

„Ich bin sicher, und damit komme ich zum Ende dieser Projektvorstellung, dass Sie sich der Bedeutung dieses Projekts für die **Zukunft unserer Firma, für die Zukunft Ihrer Kollegen und Kolleginnen und natürlich für Ihre eigene Zukunft bewusst sind.**

Es ist ein ehrgeiziges Ziel, die Trophäe im Jahr 2014 gewinnen zu wollen, aber ich bin überzeugt davon, dass wir mit Ihrem Einsatz erfolgreich sein werden.

Es ist ein ehrgeiziges Ziel, aber das Ergebnis wird unsere Position im sogenannten Battle of Talents deutlich stärken.

Ja, **es ist ein ehrgeiziges Ziel,** doch es ist unsere Zukunft, für die wir antreten, und die ist es wert, die Energie für die Zielerreichung aufzubringen.

Meine Damen, meine Herren, nehmen Sie die Herausforderung an, damit es 2014 heißt:

(Anfangsbild erneut auf Folie)

Arbeitgeber des Jahres 2014: Firma Wertmann & Söhne GmbH & Co. KG

Wir sind gut – wir sind Sie wertMann!"

> Kommentar: Da der vorherige Abschnitt relativ nüchtern gestaltet war, ist es notwendig, dass der Redner am Schluss noch einmal ein hohes Maß an Dynamik entfaltet. Das geschieht hier durch den verstärkten Einsatz rhetorischer Stilmittel **(Akkumulation, Anapher)**, die persönliche Ansprache im Appell und schließlich die Verknüpfung der Anfangsfolie mit dem Slogan.

Statement – ein kurzer Sachvortrag

Statements wie die folgenden zwei stellen eine verkürzte Form des Sachvortrags dar. Sie eignen sich als Kurzbeitrag in einer Besprechung oder in einem Workshop. Die Struktur entspricht weitgehend der des Sachvortrags. Jedoch fällt in der Einleitung die Gliederung weg und im Hauptteil beschränkt sich die Darstellung auf einen einzelnen Aspekt. Dementsprechend entfällt im Regelfall auch die Summary am Ende.

Statement in Bezug auf die Ressourcenplanung im Team

„Wir sind am Ende! (emotional)

Liebe Kollegen, Ihr habt mich in der Vergangenheit als jemanden erlebt, der stets darum bemüht ist, Euch zu unterstützen und seinen Leuten zu helfen, wo es nur geht. Doch heute geht das nicht mehr."

Kommentar: Schöner, emotionaler Einstieg, gefolgt von einer Ansprache, die die Kollegen auf einer menschlich-moralischen Ebene abholt.

„Im Verlauf des Projekts CX3-D7 sind in meinem Bereich insgesamt Überstunden aufgelaufen, die sich nicht in **einem, zwei oder drei Monaten** abbauen lässt, sondern die uns **bis ins kommende Jahr** begleiten wird.

13 Wochenenden haben meine Mitarbeiter investiert, **13 Wochenenden,** in denen sie Zusatzschichten gemacht, die eigenen Familien dem Betrieb untergeordnet haben. **13 Wochenenden**, die sie an die Grenzen der Belastbarkeit geführt haben."

Kommentar: Um die emotionale Wirkung nicht zu verspielen, werden hier die Fakten nur angedeutet, die Aussage wird durch Verwendung einer **Klimax** verstärkt. Es folgt die Verwendung der **Anapher**, die dann die Überleitung zur direkten emotionalen Ansprache der Kollegen darstellt.

„Ich frage Euch, was würden Eure Frauen und Männer, Eure Kinder dazu sagen, wenn Sie Euch jetzt erst im Herbst wiedersehen würden, was, wenn kein Geburtstag und kein Hochzeitstag mehr gemeinsam gefeiert würden. Ich bin sicher, Ihr versteht, dass mein Ausruf ‚Wir sind am Ende' die Situation tatsächlich nur andeutet, die in meinem Bereich im Augenblick herrscht. Und ich bitte Euch, plant heute ohne mich und meine Mannschaft."

Kommentar: Nach dem emotionalen Beispiel wird über die Wiederaufnahme des Anfangsausrufs der Bogen geschlossen und ein starker Appell an die Kollegen platziert. Insgesamt ein stark emotional gefärbter, doch überzeugender Auftritt.

Statement in Bezug auf die telefonische Erreichbarkeit

„Sie rufen außerhalb unserer Geschäftszeiten an. Bitte wenden Sie sich an die Konkurrenz, die ist immer noch für Sie da! (Mit Anrufbeantworterstimme gesprochen)"

Kommentar: Stark ironischer Einstieg, der mit Sicherheit die Aufmerksamkeit der Zuhörer in dieser Runde weckt.

„Ich verstehe die Diskussion, die wir hier führen, wirklich nicht. **Wie kann infrage gestellt werden, dass wir für unsere Kunden erreichbar sein müssen?** Unser gesamter Geschäftszweck ist die Dienstleistung am Kunden, und da unsere Kunden durch die vor einigen Jahren geänderten Ladenöffnungszeiten länger als früher im Einsatz sind, benötigen Sie auch unseren Service, angepasst an ihre Öffnungszeiten.

Dietmar, ich weiß, Du wirst gleich sagen, dass auch die Öffnungszeiten im Einzelhandel nicht familienfreundlich sind, dass es den dort Arbeitenden unmöglich gemacht wird, ihren Hobbys nachzugehen und an Kulturveranstaltungen teilzunehmen. Ja, natürlich hast Du da Recht, aber das ändert nichts an der Tatsache, dass die Rahmenbedingungen in diesem Umfeld so gesetzt sind und sich die Beschäftigten damit arrangiert haben. Nur wir, wir stehen immer noch auf dem Standpunkt: **Soll sich die Welt ruhig weiterdrehen, wir bleiben einfach für immer stehen.**"

Kommentar: Die Verwendung der Stilmittel **rhetorische Frage**, **Sermocinatio** und **Reim** sorgt dafür, dass der zu Anfang angelegte provozierende Charakter der Rede durchgängig beibehalten wird. Allerdings kommt der sachliche Anteil im Sinne eines Faktenbeweises zu kurz und wird nur über die veränderten gesetzlichen Rahmenbedingungen in Bezug auf die Ladenöffnungszeiten angedeutet.

„Nein, so geht es nicht – daher: Schluss mit dem veralteten Spruch auf dem Anrufbeantworter! Schluss mit dieser Diskussion hier. Lasst uns festlegen, wie wir künftig bis zum Schluss für unsere Kunden erreichbar sein können."

Vergleichende Präsentation

Vergleichende Präsentationen werden dann eingesetzt, wenn es zum Beispiel in einem Projekt darum geht, unterschiedliche Handlungsoptionen gegenüberzustellen. Als Vortragender arbeiten Sie anhand des Vergleichs Ihre persönliche Empfehlung deutlich heraus.

Vortrag zur Vorstellung eines neuen Arbeitsmittels

(Video vom Münchner Flughafen unter www.segway.de)

„Guten Morgen, liebe Kollegen. Mit diesem kleinen Video habe ich Euch am Beispiel des Münchner Flughafens gezeigt, wie unsere Zukunft aussehen wird. Denn am 1. Oktober bekommen wir zwei Segways für unseren Bereich.

Ich sehe, dass einige von Euch überrascht dreinblicken und sich vermutlich fragen: ‚Ja mei, warum können wir nicht einfach weiter mit dem Radl fahren?' Deswegen werde ich nachfolgend Segway und Fahrrad gegenüberstellen, damit Ihr nachvollziehen könnt, was uns zu dieser Entscheidung bewogen hat."

Kommentar: Der Einstieg mit dem Video ist gut. Damit kann der Redner sicher sein, Aufmerksamkeit zu bekommen. Auch der leichte Dialekt in der **Sermocinatio** sorgt für ein hohes Maß an Aufmerksamkeit und leitet hier die vergleichende Darstellung geschickt ein. Es wird deutlich, dass die Bedenken der Anwesenden berücksichtigt wurden, wenngleich die Entscheidung bereits gefallen ist.

„Zunächst einmal ein paar allgemeine Fakten.

(Folie)

Bei der Analyse der Wege, die Ihr jeden Tag im Rahmen der Überwachung der Fertigungsstraßen zu machen habt, hat sich ergeben, dass im Regelbetrieb 18 Kilometer, wenn es zu Serviceeinsätze kommt, bis zu 25 Kilometer zurückgelegt werden. Dabei ist durchschnittlich keine Strecke kürzer als 150 Meter, aber auch nicht länger als 350 Meter.

75 Prozent der Wege sind mit der visuellen Überwachung der Produktion verbunden, dabei werden auch ein paar Druckschalter an den Maschinen betätigt. In 25 Prozent der Fälle werden Wartungsarbeiten an den Maschinen vorgenommen und Störungen beseitigt, sodass Material transportiert werden muss."

> Kommentar: Die hier vorangestellten Fakten sind allgemeiner Art und betreffen den Segway ebenso wie das Fahrrad. Die Voranstellung ist in Ordnung, solange sie kurz genug ist. Denn sonst erlahmt die Aufmerksamkeit für die anschließende Darstellung der Vorteile, die mit einem Segway verbunden sind.

„Ausgehend von diesen Rahmenbedingungen bietet sich der Segway als optimales Fahrzeug für den täglichen Betrieb an. Wie Ihr im Video gesehen habt – dort hat der Mitarbeiter beispielsweise die Seile zur Absperrung direkt vom Segway aus eingehängt –, könnt Ihr die Einstellungen an den Maschinen in den genannten 75 Prozent der Fälle direkt vom Segway aus vornehmen. Ihr müsst nicht ab- und wieder aufsteigen, sondern fahrt an die Maschine heran und betätigt die notwendigen Schalter.

Auch die visuelle Kontrolle entlang der Fertigungsstraße wird erleichtert, denn aufgrund der guten Wendigkeit des Segways könnt Ihr leicht umkehren und zu einem bestimmten Punkt zurückfahren. Geradezu auf der Stelle lässt sich die Drehung durchführen, deutlich leichter also als mit dem Rad.

Und schließlich werden wir den Segway mit dem bei VW bereits erprobten Lastentransporter ausrüsten, sodass Ihr in Servicefällen mit dem Segway problemlos Euer Werkzeug transportieren könnt.

Verglichen mit dem Fahrrad ist der Segway die deutlich flexiblere und für unsere Einsatzzwecke sinnvollere Lösung."

Kommentar: Die Argumente werden hier konsequent in der Reihenfolge vom Wichtigsten zum Unwichtigsten dargelegt. Dieser Teil wird durch ein Fazit abgeschlossen, das direkt zur Alternative Fahrrad überleitet.

„Doch haben wir bei unseren Überlegungen das Fahrrad nicht einfach ausgeklammert, schließlich ist es schon seit Jahren im Einsatz. Und das ist einer der großen Vorteile, jeder von Euch kommt mit dem Fahrrad sicher zurecht. Allerdings kennt auch jeder das mühselige Auf- und Absteigen, was vereinzelt dazu führt, dass einige von Euch hier und da lieber zu Fuß gehen, als für kurze Wege von 150 Metern das Rad zu nutzen.

Dann natürlich: Das Rad kommt ohne Energiequelle aus. Hier ist lediglich Eure Muskelkraft gefordert, und es kann auch keiner vergessen, den Akku aufzuladen. Damit ist das Rad im Unterhalt billiger als ein Segway, was natürlich auch für die Anschaffung gilt.

Und schließlich sind unsere Räder **immer in einem optimalen Wartungszustand, da unser Sicherheitsbeauftragter jedes einzelne jeden Tag kontrolliert. Und wenn auch nur etwas defekt sein könnte,** sperrt er das Rad für die Nutzung. Gell, Thomas, im Augenblick haben wir wieder nur ein Rad für den Einsatz verfügbar."

Kommentar: Die direkte Ansprache von Thomas mit der **ironisierenden** Darstellung des letzten Arguments für Fahrräder stellt zu diesem Zeitpunkt die Aufmerksamkeit des Publikums voll her. Damit leitet der Redner geschickt zum entscheidenden Argument für den Segway über.

„Und damit bin ich beim entscheidenden Punkt: Am Segway geht nichts kaputt. Die Auswertungen seit Einführung der zweiten Segway-Generation im Markt zeigen, dass weit über 1.000 Kilometer störungsfreier Betrieb ohne Fehler die Regel sind. Das heißt, Thomas: Die Segways sind verfügbar, wenn Ihr sie braucht.

Und daher haben wir uns nach der Gegenüberstellung dafür entschieden, dass die Werkstatt Segway fährt. Und ich bitte Euch, passt auf, dass Ihr nicht süchtig nach dem Segway werdet, sonst bekommt Ihr noch Ärger mit Euren Gatten und Gattinnen, wenn Ihr privat einen anschaffen wollt."

Kommentar: Da die Zuhörer in diesem Fall keinerlei Mitspracherecht haben, hat
der Redner den Appell zum Abschluss seiner Rede in den privaten Bereich ge-
legt. Das ist als humorvolles Stilmittel zu bewerten und daher durchaus geeignet, um sich die Unterstützung der Mitarbeiter zu sichern.

Dialektischer Diskurs

Der dialektische Diskurs erfordert ein Höchstmaß an Aufmerksamkeit für
die Entwicklung und Gestaltung der eigenen Argumente. Denn hier stellen
Sie Pro- und Contra-Argumente bezogen auf einen Sachverhalt unmittelbar gegenüber. Mit einer guten Argumentation für Ihren Standpunkt können Sie so besonders überzeugend die Gegenposition entkräften. Allerdings: Ihre Zuhörer verlieren leicht den Überblick. Daher sollten Sie sich
kurz halten und vor allem deutlich mit Stilmitteln die Argumente Ihres
Standpunkts hervorheben.

Statement anlässlich der Klimakatastrophe bei einer Konferenz

„Die Hitzewelle in Europa, meine Damen und Herren, führt in den Medien
wieder einmal zur Diskussion über den Treibhauseffekt. Im Jahr 2002 war
es die Flutkatastrophe, die diese Diskussion angeheizt hat. Ich behaupte,
dass diese und ähnliche Meldungen nur einen Teil der Wahrheit darstellen
und deren Verbreitung durch die Interessen unterschiedlicher Lobbyisten
bestimmt wird.

Herzlich willkommen zu meinem Vortrag darüber, wie die Medien durch
Verbände und Interessensgemeinschaften mit Informationen versorgt wer-
den. Und worüber sie berichten, um die eigene Finanzierung zu sichern.
Ich bin ... (Selbstvorstellung).“

Kommentar: Klare und provozierende Stellungnahme am Anfang, die die Aufmerksamkeit sichert. Da es sich bei diesem Vortrag um einen Beitrag auf einer
Konferenz handelt, ist die ausführliche Selbstvorstellung wichtig. In vielen ver-
gleichbaren Situationen werden Sie an dieser Stelle neben Daten zu Ihrer Person
auch Ihr Unternehmen vorstellen.

„Meine Damen und Herren, Umweltverbände und Forschungseinrichtungen bedienen die Medien regelmäßig deshalb mit ‚Weltuntergangsmeldungen', weil sie dadurch sicherstellen, dass ihre Arbeit auch in Zukunft Finanziers finden wird.

Ohne Meldungen über bedrohliche Pandemien wie Vogel- oder Schweinegrippe gibt es keine Forschungsgelder für die Institute, ohne Meldungen über Artensterben gibt es keine neuen Mitglieder bei Greenpeace. Und das, obwohl die Realität oft eine andere Sprache spricht:

- Trotz Seuchen ist die Lebenserwartung in allen Ländern inklusive der Entwicklungsländer permanent gestiegen. Weltweit betrachtet, erreichen inzwischen 85 Prozent aller Menschen mindestens das sechzigste Lebensjahr.

- Trotz Verlautbarungen, dass innerhalb einer Generation 50 Prozent aller Arten aussterben werden, sprach Greenpeace intern von maximal 0,7 Prozent.

Und nun denken Sie einmal darüber hinaus an die private Spendenbereitschaft. Können Sie sich vorstellen, dass im gleichen Ausmaß anlässlich der Flutkatastrophe 2002 gespendet worden wäre, wenn nicht die globale Klimakatastrophe als Ursache genannt worden wäre? Sondern die schlichte Information über die Sender verbreitet worden wäre: ‚Solche Katastrophen sind völlig normal in dieser Region'?

Es ist daher leicht nachzuvollziehen, warum die genannten Verbände bewusst Informationen einseitig in die Medien bringen."

Kommentar: Die Ansammlung von Fakten muss in jedem Fall durch Folien unterstützt werden, um das Argument für die Position des Redners visuell zu untermauern. Durch prägnante und faktisch gestützte Aussagen wie in dem Beispiel schaffen Sie sich über ein solcherart aufgebautes Kernargument zu Anfang Ihrer Rede eine gute Ausgangsposition für die dialektische Auseinandersetzung mit den Gegenargumenten. Die Zuhörer werden sicherlich keinen Zweifel daran haben, welche Position Sie vertreten.

„Um das Ganze noch weiter zu vertiefen, um Ihnen deutlich zu machen, welchen Lügen Sie jeden Tag über die Medien ausgesetzt sind, habe ich noch einige Beispiele zusammengestellt:

- 1997 behaupteten Umweltvertreter, dass sich die Waldvernichtung seit 1992 dramatisch beschleunigt hätte. Dem standen jedoch Zahlen der Vereinten Nationen gegenüber, die belegten, dass der Waldverlust in den 1980er Jahren noch bei 0,34 Prozent lag, in der ersten Hälfte der 1990er Jahre jedoch bei nur noch 0,32 Prozent.

- Oder ein Punkt, der von Umweltschützern immer wieder, beinahe täglich in den Medien strapaziert wird: die zunehmende Luftverschmutzung. Dagegen ist zunächst einmal nichts einzuwenden – bevor Sie die Faktenlage geprüft haben. Denn dann werden Sie feststellen, dass auch hier die Entwicklungen der jüngsten Vergangenheit eine andere Sprache sprechen. 1952 starben in London noch 4.000 Menschen an Smog, heute – trotz des gestiegenen Verkehrsaufkommens – können Sie sich bei einem Besuch in London jederzeit sicher fühlen, genügend saubere Luft zum Atmen vorzufinden.

Ich möchte diese Auflistung nicht unnötig weiterführen, doch brennt mir noch der Punkt Artensterben aufgrund der Abholzung des Regenwaldes auf den Nägeln. Ich greife hier das Beispiel Puerto Rico heraus. Dort sind durch die 99-prozentige Abholzung in den letzten 400 Jahren von 60 Vogelarten sieben ausgestorben. Soweit so gut. Doch kennen Sie auch die Kehrseite der Medaille? Heute leben auf dieser Insel immerhin 97 Vogelarten, das heißt 37 mehr als zuvor."

Kommentar: Im zentralen Part der Rede greift der Redner jeweils ganz kurz drei Argumente der Gegenseite auf, um diese dann mit den eigenen Fakten zu widerlegen. Es ist sinnvoll, den Gegensatz durch eine grafische Darstellung auf Folien zu unterstützen. Dabei können durchaus Bilder, zum Beispiel bei den Vogelarten, zum Einsatz kommen, die die Zahlen aus der Presse mit bildhaften Eindrücken aus der Fauna kontrastieren.

„**Ich werde mich jetzt nicht** in Vorwürfen gegenüber den genannten Institutionen ergehen, **doch** Sie sehen deutlich, dass mit dem jeweiligen Interesse auch die Betrachtung ein und desselben Sachverhalts variiert. Denn getrieben werden Veröffentlichungen ausnahmslos von den Eigeninteressen des Veröffentlichenden, nicht vom Wunsch danach, objektive Information zu verbreiten.

- Überlegen Sie sich in diesem Zusammenhang doch einmal, warum in den Medien Pestizide als Krebsverursacher immer wieder auftauchen – sogar von möglichen Krebsepidemien ist die Rede –, dabei aber unser geliebtes Basilikum nie genannt wird. Und das, obwohl mit dem Verzehr von Basilikum ein 66mal, ich wiederhole 66mal höheres Krebsrisiko verbunden ist, als von dem Pestizid ETU ausgeht.

- Und nur am Rande: Die Medien leben mit Horrorszenarien auch deutlich besser, als wenn sie stets nur Positives zu berichten hätten. Oder glauben Sie, dass es für die Medien hilfreich wäre, über die Gefahren von Kaffee und Kopfsalat zu berichten, die in der Liste der Krebsrisiken tatsächlich an erster und zweiter Stelle stehen? Ich bin mir sicher, diese Meldungen will kaum einer von den Verbrauchern hören.

Von daher ist hier ein erhöhtes Misstrauen, mehr noch extreme Skepsis Ihrerseits angesagt."

Kommentar: Der Angriff auf die Institutionen wird rhetorisch eingeleitet. Indem der Redner sagt, was er nicht tun wird, jedoch genau das im Anschluss macht, erhöht er die Wirksamkeit seiner Worte. Mit plakativ dargestellten Fakten und der Andeutung unlauterer Motive bei der Veröffentlichung gestaltet der Redner den abschließenden Part der Rede eindeutig meinungsbildend – und zwar in seine Richtung. Das zeigt sich auch im folgenden Teil, in dem der Redner die Institutionen direkt der Lüge bezichtigt.

„Meine Damen und Herren, die Vielzahl der Lügen wie Waldvernichtung, Umweltverschmutzung und Artensterben und die damit ausgelösten Reaktionen bei potenziellen Geldgebern und bei der Bevölkerung lassen nur einen

Schluss zu: Die Medien werden gezielt manipuliert, um Verbands- und Gruppeninteressen zu unterstützen. Und sie lassen sich ihrer eigenen Interessen wegen manipulieren.

Deshalb: Ob es sich um den Treibhauseffekt handelt – nebenbei gesagt ist noch nicht einmal nachgewiesen, dass der damit verbundene Temperaturanstieg für die Erde tatsächlich schädlich ist – oder um eine andere Meldung, bilden Sie sich Ihre eigene Meinung nicht vorschnell und lassen Sie sich auf keinen Fall vom allgemeinen Trend zur Panik anstecken!"

Kommentar: In dieser Rede, die klassisch mit einem Appell an das Publikum endet, steckt natürlich viel Polemik. Dennoch können Sie sie als Muster benutzen, wenn Sie einmal eine Rede in einem Umfeld oder zu einem Anlass halten müssen, in dem trotz Fakten eine rein sachliche Auseinandersetzung mit den Argumenten der Gegenseite nicht möglich ist.

Stichwortverzeichnis

Der Autor

Peter Flume legt bei seinen Schulungen den Schwerpunkt auf individuelle Trainings rund um die Themen Rhetorik, Präsentation, Vertrieb, Argumentation und Führung. Er bietet sowohl Inhouse-Seminare als auch zielgerichtete Individualtrainings an. Seit 1989 steht er als Trainer und Berater für den Mittelstand sowie für Großunternehmen zur Verfügung. Seit 1999 arbeitet er als selbständiger Trainer für die renommierte Freiburger Haufe-Akademie und seit 2007 für die Management School St. Gallen.

Peter Flume wurde im Jahr 2002 mit dem Internationalen Deutschen Trainingspreis (BDVT) und mit Gold in der Kategorie Vertrieb ausgezeichnet. Zudem erhielt er einen Lehrauftrag der Universität Hildesheim im Rahmen des Studiengangs Organization Studies im Fach Kreative Techniken und Inszenierungen.

Mehr Information unter www.rhetoflu.com.

Projektmanagement Klartext
Wie Projekte wirklich laufen